선교장
船橋莊

선교장
船橋莊

아름다운 사람 아름다운 집 이야기
Gangneung Seongyojang — Graceful People, Beautiful House

글·사진 차장섭

열화당

머리말

집은 사람을 닮는다. 사람은 자신의 능력과 취향에 따라 집을 짓는다. 집을 짓는 데 필수적인 요소는 집 지을 땅과 재목을 구할 수 있는 경제력, 좋은 집터와 설계를 구상할 수 있는 안목, 그리고 그 구상대로 집을 지을 수 있는 기술력 등이다. 그러나 이러한 요소들은 사람에 따라 다르므로, 집은 짓는 이에 따라 다른 모습으로 지어질 수밖에 없다.

사람은 집을 닮는다. 환경의 절대 영향 속에서 산다. 사람이 살면서 가장 오랜 시간을 머무는 곳이 집이다. 집에서 태어나 집에서 생활하고 집에서 죽는다. 이처럼 살아가면서 가장 오랜 시간 머무는 집은 그 사람의 삶과 사상의 형성에 절대적인 요소가 된다. 온화하고 따뜻한 집에서 생활하면 성품도 부드러워지고, 경직되고 반듯한 집에서 살면 꼿꼿한 기질을 갖게 된다.

사람과 집은 하나다. 사람을 보면 그가 사는 집이 보이고, 집을 보면 그 안에 사는 이의 모습이 느껴진다. 우리나라에서는 예로부터 사람에게 인격이 있듯이 집에 가격家格이 있다고 여겨, 집을 하나의 주체로 간주하였다. 따라서, 한 가옥家屋의 역사는 그 건축물의 역사일 뿐만 아니라 그곳에 살았던 사람의 역사이기도 하다.

예로부터 강릉江陵은 삼청三靑의 고을로 불렸다. 산이 푸르고, 물이 푸르고, 강릉 사람의 마음이 푸르다.

강릉의 산은 백두대간이 남쪽으로 달려가다 대관령大關嶺에서 동해로 한 가지를 뻗어 만들어졌다. 그래서 강릉의 산에는 소나무가 가득하다.

사시사철 푸른 소나무로 인해 이 고장의 산은 언제나 푸른빛이다. 동해 바다는 깊어서 짙푸르며, 경포호鏡浦湖는 얕아서 맑고 푸르다. 이처럼 푸른 산 아래 푸른 물을 접하며 사는 강릉 사람은 언제나 산처럼 푸르고 물처럼 맑다.

선교장船橋莊은 매우 강릉적이다. 뒷산이 푸르고, 집 앞의 호수가 푸르고, 사람들의 마음이 푸르다. 뒷산에는 비바람이 불고 눈보라가 쳐도 푸른빛을 잃지 않는 수백 년을 지켜 온 노송들이 총림叢林해 있다. 선교장 앞은 맑고 푸른 경포 호숫가였다. 그래서 배를 타고 건너다니는 집, 곧 배다리집이라 불렸다. 푸른 산, 푸른 호수와 함께 살아온 이 집 사람들은 마음이 푸르다. 삼청三靑에 반해 오랫동안 선교장에 머물렀던 조선 말기의 서화가 소남少南 이희수李喜秀는 선교장 솟을대문에 '仙嶠幽居선교유거'라는 현판을 걸었다. 푸른 산과 맑은 물 속에 살아가는 선교장 사람은 맑고 푸른 마음을 가진 신선과 같다는 비유가 있다.

선교장에는 세 가지 향기香氣가 있다. 솔향과 연향蓮香, 그리고 사람의 향기이다. 솔향은 강릉의 향기이다. 소나무는 강릉을 대표하는 나무이다. 선교장 뒷산에 멋들어지게 자리한 소나무에서 언제나 강릉의 향기가 가득히 밀려온다. 연향은 배다리골의 향기이다. 여름이면 활래정活來亭 앞 연못에 우아한 자태의 연꽃이 핀다. 연꽃에서 흐르는 은은한 향기는 배다리골을 가득 채워 넘치게 한다. 사람의 향기는 선교장의 향기이다. 따사로운 인심에서 나오는 선교장 사람들의 향기는 솔향, 연향과 어우러져 선교장만의 독특한 아름다움을 연출한다.

아름다운 사람이 살았던 아름다운 집, 선교장을 드나들면서 스스로 선교장 사람이 된 것만 같다. 이방인처럼 낯설기만 했던 선교장이 이 집안 사람들의 따사로운 인정人情으로 편안한 나의 집이 되었다. 그리고 이 책을 집필하기 위해 사진을 찍고 자료를 조사하면서 참 좋은 사람들과 인연을 맺었다. 종손인 이강륭李康隆 회장님과 이강백李康白 관장님을 비롯한 선교장 가족들은 잠시라도 보지 않으면 그리워지는 한가족이 되었다. 따듯한 차와 인정이 담긴 식사, 그리고 진심에서 우러나오는 배려는 선교장에 드나드는 동안 나에게 행복감을 주었다.

이 책을 쓰기까지, 앞서 발간된 이기서李起墅 교수님의 『강릉 선교장』(1980), 그리고 이현의李顯儀 님이 펴내신 『선교장가족 사진집』(1995)이 큰 바탕이 되었다. 또한 이기방李起邦 님, 이강령李康鈴 님은 관련 자료와 조언을 아끼지 않으셨다. 이기웅李起雄 출판도시문화재단 이사장님과 열화당悅話堂 가족들은 아름다운 글과 책이 되도록 애써 주셨다. 선교장까지 직접 내려와 자상하게 방향을 일러 주신 열화당 가족들에게 감사의 마음을 전한다.

사진가 이종만李鍾晚 선생님과 사진나무 가족들은 2007년부터 2010년까지 사 년에 걸쳐 진행한 나의 사진작업에 기꺼이 동참해 준 동반자였다. 사진 한 장 한 장에 대한 지도와 깊이있는 비판은 선교장의 깊은 속까지 담아내도록 부족한 나를 이끌어 주었다.

부모님과 가족들은 내 책의 애독자들이다. 이 책이 나오자마자 어머니와 장모님은 돋보기를 끼시고 밤을 새워 읽으실 것이다. 자식으로서 부모님께 책의 기쁨을 드린다는 것은 얼마나 장한 일인가.

아름다운 사람이 살았던 아름다운 집 선교장이 이제는 세상 모든 이의 것이 되기를 소망하며 이 책을 펴낸다.

2011년 3월 빨간 양철지붕 학산재鶴山齋에서
차장섭車長燮

A Summary
Gangneung Seongyojang—Graceful People, Beautiful House

Seongyojang, which is located in Gangneung city of Gangwon-do Province, Korea, is an old house of Joseon Dynasty, and this book of Seongyojang tells a story of a typical family of Korean *yangban* (noble) class. The historian Cha Jang-Sup, the author of this book, has spent many years in writing about and photographing it by means of collecting and researching materials of the house and its residents. This book consists of three parts: the history of the household family from the construction of the house to the present time, the architectural characteristics of a typical *yangban* class of Joseon Dynasty this house represents, and the management philosophy and culture of the heads of this family.

The history of Seongyojang began with the homecoming of the Andong Gwon Lady (?-1751) from Cheongju after she was bereaved of her husband Yi Ju-hwa (1647-1718), the tenth generation of Prince Hyoryeong of Jeonju Yi Family. This strong-minded and unyielding lady settled down in the North village of Gangneung, started a saltpan business with her son Yi Nae-beon (1703-1781), and built Seongyojang at the present site in the 1760s.

Her grandson Yi Hu (1773-1832) brought home a great fortune through large-scale rice farming business, and his son and two grandsons passed *gwageo*, the highest level of state examination, and entered into state ranking officials. Through their success in the officialdom and their marriage to ladies from families of political power, this family joined the mainstream ruling political groups.

Yi Geun-wu (1877-1938), the son of Yi Hwoe-suk (1823-1876, the grandson of Yi Hu), transformed Seongyojang into socio-economic Kibbutz-type community of a large-scale farming during the tumultuous time of Japan's colonization of the Joseon Dynasty. He also dedicated himself to fostering talented young people through the establishment of Dongjin School. Seongyojang went through a great crisis in the midst of the Farmland Reform Act, the Currency Reform Act, and the Korean War in the 1950s, but after it was designated as an important folk cultural asset, it has started retaking its original shape, assisted by the current generations of the family members who have committed to restoration work and employed modern business mind in running the estate.

The typical *yangban* class estate Seongyojang is the largest in size in its kind. The present house consists of 9 buildings with 102 rooms in 1,050 square meters in total floor space. Originally it formed a large size manor with 300 or so rooms including its annexes and outhouses. The eastern main building, Dongbyeoldang, and Seobyeoldang were for the family members, while Youlhwadang, Hwallaejeong, and Banghaejeong were spaces for visitors and dependents. Each space was used for different purposes. Youlhwadang was not only a detached house for the master but also a reception room for social gathering with high-class gentlemen; Hwallaejeong was a reception room for those with whom the master had an intimate friendship; Banghaejeong located near Gyeongpo Lake was a villa for the family's dear visitors and families to stay a pronged period of time. Seongyojang family kept its unique management philosophy. Andong Gwon Lady and her son Yi Nae-beon adopted a pragmatic approach and got down to a saltpan business, the business that the local landed proprietors at that time avoided as a mean and disgracing one. But the lady and her son saw money in this business and accumulated fortune from it. With the money obtained in this business, they continuously bought in the neighboring area's rice field and introduced new agricultural technology in their farming enterprise. However, they were far from just normal materialists. They remained generous and beneficiary to the tenants and lived up to the spirit of reciprocal relations with their tenants and neighbors. What is more impressive is that Seongyojang family secretly financed the Korean restoration movement during the Japanese colonial period, and that the family administered relief to the poor by opening their rice storerooms to them when natural disasters hit them hard.

Seongyojang enjoyed its reputation of unique and beautiful garden culture. Its pavilions like Youlhwadang, Hwallaejeong, and Banghaejeong represented an elegant style and high taste. Being located in the middle area of Gwandongpalgyeong (8 most famous spots in Eastern Korea), Seongyojang attracted men of refined taste across the nation and became the center of such culture. Located nearby Gyeongpo Lake, East Sea, and Gyeongpo Pavilion, and situated on the street corner to the way to Geumgang Mountains, Seongyojang provided the amenities and refreshments for the worn-out travelers who had strenuously climbed over high-rise Daegwallyeong path. Seongyojang displays the collection of the poems, calligraphies, and paintings that the travelers of high cultural taste left in return for the hospitality they received.

In addition, Seongyojang demonstrated a model of book culture of reading, writing and publishing, which was one of the priority duties of noble families in Joseon Dynasty. As the greatest book collector in Gangwon province, Seongyojang opened its study to the public and thus took a central role of learning and cultural activities. This family has carried this tradition of writing and publishing books from generation after generation. This tradition has been inherited to the establishment of a publishing company Youlhwadang Publishers in 1971 named after one of its pavilions.

In Korea, houses have been recognized as personified characters, and thus a house and its residents have been regarded as beings of the same character. In this sense, the history of Seongyojang is not only the history of an architectural building but also the history of its residents. This book hopes to provide readers with an aspect of history and space of one traditional Korean *yangban* class family through Seongyojang's architecture and its residents of high taste and culture and through their business philosophy and cultural narratives.

Translated by Shin Doo-ho

차례

머리말

A Summary

강릉 이씨가李氏家의 삼백 년 역사

1. 강인한 여인, 권씨부인權氏夫人 ——— 17
2. 이내번李乃蕃, 선교장을 열다 ——— 22
3. 이후李厚, 만석꾼을 이루다 ——— 30
4. 이용구李龍九 · 이의범李宜凡, 관직에 나아가다 ——— 41
5. 서울에서 벼슬한 이회숙李會淑 · 이회원李會源 형제 ——— 45
6. 선교장의 전성기를 이뤄낸 이근우李根宇 ——— 48
7. 선교장, 역사의 격동기 속으로 들어가다 ——— 54
8. 열린 선교장으로 거듭나기 위하여 ——— 64

선교장, 그 대장원大莊園의 건축과 아름다움

1. 천지인天地人 합일의 명당明堂 ——— 71
2. 확장과 변형을 거듭해 온 선교장 건축의 특성 ——— 77
3. 대장원의 공간구성 ——— 88
   안채와 동별당 90   사랑채와 열화당 96   행랑채 103   서별당과 연지당 106
   활래정 109   외별당과 별채 116   사당 및 선영 120   곳간 및 동진학교 124
   담장과 대문 126   방해정 133

배다리집 사람들의 경영철학과 문화

1. 나눔과 상생의 경영철학 ——— 137
    실리경영 137 나눔과 상생경영 142 공익경영 145

2. 정원과 조경의 아름다움 ——— 149
    누정 149 나무 155 꽃 159

3. 시詩와 서書의 풍류문화 ——— 168
    시문詩文 168 서예書藝 175

4. 장서藏書와 출판의 인문정신 ——— 185
    독서 및 장서 185 저술 및 출판 188

5. 차문화와 내림손맛의 전통 ——— 192
    차茶 192 음식 194

    주註 201
    참고문헌 203
    선교장 장서목록藏書目錄 205
    찾아보기 224

강릉 이씨가李氏家의 삼백 년 역사

멀리서 바라본
활래정活來亭 겨울 풍경.

1. 강인한 여인, 권씨부인權氏夫人

안동권씨安東權氏 부인은 두 아들의 손을 잡고 대관령大關嶺 위에 섰다. 대관령을 넘어 충주로 시집간 지 이십오 년 만에 친정인 강릉으로 돌아온 것이다.

조선 후기에 시집간 여인이 친정으로 돌아온다는 것은 대단한 결단이었다. 당시는 유교적인 사회윤리가 여성에게 엄격한 규범과 절제를 요구하던 때였다. 이러한 사회적 분위기 속에서 규범을 거역하고 친정으로 돌아오는 결단을 내리기까지는 남다른 신념과 용기가 필요했을 것이다.

권씨부인은 충주에 살고 있던 이주화李冑華에게 시집을 갔다. 이주화는 전주이씨全州李氏 효령대군孝寧大君의 십세손으로, 충주에 세거하던 사대부가士大夫家의 자손이었다. 왕족의 자손은 오세손까지 벼슬을 하지 못하도록 규정되어 있었기 때문에 육세손부터 벼슬길에 올랐다. 효령대군 육세손 이경두李景斗가 이조정랑吏曹正郎과 안음현감安陰縣監을 지냈으며, 완풍부원군完豊府院君의 시호諡號를 받고 충주에 세거하였다. 그의 아들 이성李憕이 정운공신定運功臣에 책봉되어 이조참판이 되면서 가문은 최전성기를 맞이한다. 이성은 1596년(선조 29년) 문과에 급제하여 이듬해 성균관학록成均館學錄으로 초사初仕하였으며, 그해 함경북도평사가 되었다. 그리고 전적典籍, 이조좌랑, 사간원정언司諫院正言 등을 거쳐 함경도도사, 충청도도사, 경상도도사를 지냈다. 광해군光海君이 즉위하면서 집의執義, 전한典翰, 응교應教 등을 거쳐 대사성大司成, 대사간大司諫을 역임하였다. 1613년에 정운공신에 책록되어 완계군完溪君에 봉해졌으며, 대사헌大司憲을 거쳐 이조참판이 되었다.

활래정活來亭과
그 앞의 연지蓮池.
여름이면 활래정 앞 연못 가득
연꽃이 피고, 은은한 연향蓮香은
어느새 이 대장원大莊園
전체를 감싼다.

이성의 증손자인 이주화는 첫번째 부인 의령남씨宜寧南氏, 두번째 부인 경주정씨慶州鄭氏와 사별하고, 다시 강릉에 살던 안동권씨와 혼인하였다. 당시 이주화는 이미 사십대 중반이었으며, 네 아들을 두고 있었다. 권씨는 두 아들 내번乃蕃과 태번台蕃을 낳았다.

이주화는 이내번이 십육 세, 이태번이 십삼 세 되던 1718년(숙종 44년)에 세상을 떠났다. 그런데 안동권씨와 두 아들은 남편 이주화 별세 이후 충분한 재산을 상속받지 못했다. 완계군 이후 이주화를 비롯하여 부친 이집李集, 조부 이광호李光澔 등이 관직에 나아가지 못하여 재산이 넉넉하

지 않았을뿐더러, 더욱이 당시 장자우위長子優位의 상속 관습에 따라 이주화가 별세하자 대부분의 재산은 맏아들에게 상속되었기 때문이다. 권씨부인은 남편의 삼년상三年喪을 마치자, 자신이 낳은 두 아들의 손을 잡고 1721년(경종 1년) 친정인 강릉으로 돌아왔다.

    선교장船橋莊은 권씨부인에 의해 시작되었다. 강릉은 율곡栗谷 이이李珥, 교산蛟山 허균許筠과 같은 위대한 남성도 배출했지만, 우리나라 역사상 위대한 여성을 배출한 곳이기도 하다. 신사임당申師任堂과 허난설헌許蘭雪軒이 그들이다. 신사임당은 시詩·서書·화畵에 능했던 조선 중기 최고의 예술가였다. 허난설헌은「홍길동전」을 쓴 허균의 누이로 조선시대를 대표하는 여류작가이다. 어린 시절부터 뛰어난 재능을 보였던 허난설헌은 스물일곱 해라는 짧은 생을 살면서 주옥 같은 시를 남겼다. 이처럼 강릉이 낳은 사임당과 난설헌의 한편에 선교장을 연 강인한 여인 안동권씨 부인이 자리하고 있다.

권씨부인은 강릉 오죽헌烏竹軒에 살던 권시흥權始興의 딸이다. 오죽헌은 율곡 이이가 탄생한 곳으로, 신사임당의 친정이다. 원래 오죽헌은 강릉 향현鄕賢 최치운崔致雲이 창건한 것으로, 그의 아들 최응현崔應賢이 사위 이사온李思溫에게 물려주었고, 이사온은 다시 그의 사위 신명화申命和에게 물려주었다. 신명화는 신사임당을 비롯해 딸만 다섯을 낳았을 뿐 아들이 없었기 때문에, 오죽헌을 네번째 사위인 안동권씨 권화權和에게 물려주었다. 권화의 아들 권처균權處均은 율곡 이이와 이종사촌간으로 오죽헌에서 동고동락하였다. 특히 권처균은 자신의 호인 오죽헌烏竹軒을 당호堂號로 하였고, 이후 이곳은 안동권씨의 종가가 되었다. 선교장을 연 권씨부인은 바로 권화의 고손자高孫子인 권시흥의 딸이다.

두 아들 이내번과 이태번을 데리고 친정 강릉으로 돌아온 권씨부인은 경포대鏡浦臺가 있는 북촌에 자리를 잡았다. 강릉은 강릉읍성을 중심으로 하는 성내와 남쪽의 남촌, 북쪽의 북촌으로 나누어지는데, 양반들은 대부분 남촌과 북촌에 거주하였다. 선교장이 있는 운정

초가 별채 뒤에 피어난 꽃.
선교장 본가 주변에는 스물다섯 채 정도의 초가가 있었다고 한다. 이들 초가집은 모두 선교장에 속해 있는 솔거노비率居奴婢들의 집이었다.

동雲亭洞과 저동苧洞은 북촌에 해당한다. 북촌은 율곡 이이가 태어난 오죽헌, 삼척심씨三陟沈氏 댁의 정자로 우암尤庵 송시열宋時烈이 머물렀던 해운정海雲亭, 허균과 허난설헌이 살았던 초당草堂, 그리고 관동팔경關東八景의 하나인 경포대가 있는 곳이다. 강릉에서 주문진에 이르는 넓은 들판을 배경으로 강릉의 유력 가문들이 이곳 북촌에 정주하였다.

안동권씨 부인은 지금의 북촌 저동에 정착하였다. 저동은 당시 부북면府北面 가남경호리嘉南鏡湖里로, 경포대와 선교장의 별장인 방해정放海亭이 있는 곳이다. 안동권씨가 저동에 정착한 것은 친정인 오죽헌이 가까이 있었기 때문이다.[1]

2. 이내번李乃蕃, 선교장을 열다

안동권씨 부인과 아들 이내번은 염전 경영을 통해 선교장의 경제적 기반을 마련하였다. 소금은 국가가 관리하는 중요한 물품 가운데 하나였다. 따라서 조선 초기에는 염전을 개인이 소유할 수 없었다. 그러나 조선 후기로 들어서면서 개인이 자유롭게 염전을 설치할 수 있게 되면서 양반들이 염전을 경영하기 시작했다. 권씨부인의 시가媤家가 있던 충주는 남한강을 통한 내륙 교역의 중심지였다. 권씨부인은 그곳에서 소금의 중요성을 인식하게 되었다. 강릉으로 돌아온 권씨부인은 염전을 경영하여 재산을 모았다.

현재 강릉 남대천南大川 하구가 당시에는 작은 석호潟湖였다. 평소에 높은 파도가 치면 바닷물이 모래 둑을 넘어 들어와 작은 호수를 이루었다. 권씨부인과 아들 이내번은 이곳을 염전으로 개발하여 경영한 것이 강릉 정착 초기 이내번이 재산을 모으는 것과 관련한 다음과 같은 이야기가 선교장에 전해지고 있다.

이내번이 경포대 남쪽의 병산동柄山洞과 견소동見召洞 사이에 있는 작은 산봉우리 아래에서 큰 볼일을 보았다. 그리고 뒷처리를 하기 위해서 주변을 두리번거리다가 마침 옆에 새끼줄이 있어서 그것을 당겼더니 돈줄이었다. 새끼줄을 당기자 계속 돈이 달려 왔다. 이후 작은 산봉우리의 이름을, 전주이씨 이내번으로 하여금 돈을 벌게 해준 봉우리라는 의미에서 전주봉全州峰이라 하였다. 그리고 그 앞의 들판은 전주全州들이라 하였다.

별채 쪽에서 바라본 활래정과 선교장 주변의 가을 풍경. 이내번은 염전 경영으로 일군 경제력을 바탕으로 운정동 배다리골에 선교장을 마련하였다.

이내번이 돈줄을 잡아당겼다고 하는, 지금의 병산동과 견소동에 걸쳐 있는 전주봉 앞 전주들이 선교장 염전이 있던 곳이다. 염전 경영은 날로 번창하여 마침내 선교장의 경제적 기반을 마련해 주었다.

안동권씨와 이내번 모자가 염전을 경영하였음은 선교장의 추수기秋收記에서도 확인된다. 추수기는 지주 집안의 농업 경영 문서로, 매년 토지 소출과 사용, 도조賭租의 양, 곡식을 사들인 상황 등이 정리되어 있다. 선교장 추수기인 『대틱』과 『소틱』 『희외안喜畏案』에는 견소염전과 전주염전을 소유하면서 임대료를 받았다는 기록이 남아 있다. 『대틱』에는 견소염전 두 부락이, 『소틱』에는 전주염전 세 부락이, 『희외안』에는 견소염전 한 부락이 있었다고 각각 기록되어 있다. 이들 염전으로부터 임대료를 받았는데, 견소염전 한 부락에서는 육십 두斗, 전주염전에서는 두 부락에서 백사십 두, 한 부락에서 삼십 두를 받았다.2)

이내번은 염전을 통해서 들어오는 경제력을 바탕으로 전답을 늘려 나갔다. 이내번은 초기에는 염전을 직접 경영하였다. 그리고 염전에서 생산된 소금을 강릉 지역뿐만 아니라 내반령을 넘어 평창平昌, 진부珍富 지역

선교장 입구의 목인상.
최근 선교장 복원사업이
진행되면서 입구에 새로 세운
남녀 목인상은, 주인을 대신하여
이곳을 찾는 방문객을
맞이하고 있다.

까지 판매망을 확대하였다. 진부, 평창 등지에 선교장의 전답이 분포되어 있는 것은 바로 이때 매입한 것으로 생각된다. 이내번은 어느 정도 경제적 기반을 확보한 다음 염전을 직접 경영하지 않고 다른 사람에게 임대하였다. 당시 염전을 통한 수입은 그 규모가 상당히 컸을 뿐만 아니라 안정적이었다.

이내번은 염전 수입으로 마련한 상당 규모의 전답을 효율적으로 경영하였다. 이앙법移秧法과 같은 새로운 농업기술을 적극적으로 도입하였으며, 밭을 수익이 더 많은 논으로 전환하였다. 비싼 옥토沃土를 매입하는 게 아니라, 거친 땅을 개간하여 농지를 늘려 나갔는데, 가급적이면 경영에 불편이 없도록, 원거리의 농지보다는 선교장 주변의 농지를 집중적으로 확보했다.

경포대 부근 저동에서 안정된 생활을 하면서 경제적 기반을 쌓은 이내번은 새로운 집터를 배다리골에 마련한다. 어머니 권씨가 1751년(영조 27년) 별세하자, 이를 계기로 보다 넓은 새로운 터전을 마련하고자 강릉팔명당八明堂 가운데 하나로 꼽히는 지금의 선교장 집터를 찾았다.

선교장에는 이내번이 명당 터를 잡게 되는 다음과 같은 이야기가 전해온다.

"…좀더 너른 터를 찾기에 이른 어느 날, 평소엔 볼 수 없었던 일이 집 앞에서 일어났던 것이다. 족제비 몇 마리가 나타나더니 나중엔 한 떼를 이루어 서서히 서북쪽으로 이동하기 시작하였다. 이를 보고 신기하게 여긴 무경茂卿(이내번)은 그 뒤를 쫓았다. 서북쪽으로 약 일 킬로미터 떨어진 어느 야산의 울창한 송림松林 속으로 사라져, 그 많던 족제비의 무리는 한 마리도 보이지 않게 되었다. 신기한 생각에 한동안 망연히 서 있던 그는, 정신을 가다듬어 주위를 살피고는 이곳이야말로 하늘이 내리신 명당

뒷산 송림松林에서
내려다본 선교장.
선교장 뒷산의 소나무들은
선교장의 나이보다 오래되었다.
오랜 자연 속에 들어선 선교장은
스스로 자연이 되었다.

이라고 무릎을 쳤다."3)

이내번은 하늘이 족제비를 통해 훌륭한 터를 이씨가李氏家에 내린 것이라 믿었다. 그리하여 지금의 자리로 집을 지어 이사하였다. 그때부터 집터를 구해 준 족제비의 은혜에 감사하는 마음으로 집 뒷산에 족제비의 먹이를 가져다 놓기 시작하였다고 하며, 이같은 풍습은 최근까지도 계속되고 있다.

선교장에서 소장하고 있는 고문서에 따르면, 이내번이 집터를 매입한

것은 1756년(영조 32년) 6월 28일이다.[4] 배다리골은 원래 창녕조씨昌寧曺氏의 세거지世居地였다. 이내번은 창녕조씨 조하행曺夏行으로부터 배다리골에 있던 그의 집과 집터, 그리고 그가 소유하고 있던 김좌수金座首의 옛 집과 집터 모두를 매입함으로써 배다리골 전체를 소유하게 되었다. 이어서 그는 그 주변의 전답을 꾸준히 사들였다. 이로써 배다리골은 강릉 이씨가李氏家의 중심 기반이 되었다.[5] 이내번이 배다리골에 집터를 마련한 후 선교장의 첫 건축을 들인 것은 1760년 전후로 추정된다. 선교장에는 이내번의 준호구准戶口와 호구단자戶口單子가 여러 장 전해지고 있다. 준호구는 관에서 발급하는, 지금의 주민등록등본과 같은 것이고, 호구단자는 호적에 실릴 내용을 개인이 작성하여 관에 제출하는 문서로, 모두 이름과 나이와 거주지의 주소가 기록되어 있다. 이내번의 1756년 준호구에는 주소가 부북면府北面 가남경호리嘉南鏡湖里로 되어 있다. 경호리는 지금의 방해정 부근의 저동으로, 처음 강릉에 정착했을 당시의 거주지이다. 그리고 1759년 1월에 작성된 호구단자에도 이내번의 거주지가 부북면 가남경호리로 되어 있다. 그런데 1762년 준호구에는 이내번의 거주지가 부북면 정동조산리亭洞助山里로 되어 있다. 조산리는 지금의 선교장이 있는 운정동 배다리골이다. 즉, 이내번은 1759년과 1762년 사이에 선교장을 지어서 이사한 것으로 추정된다. 집터를 매입한 후 집을 짓기까지 삼 년 내지 육 년이 걸린 셈인데, 이내번은 충분한 준비를 통해서 어느 집안에도 뒤지지 않는 위풍당당한 상류주택을 짓고자 했던 것이다.

당시 이내번이 지은 선교장의 규모나 건물의 배치는 정확하게 알 수 없지만, 그가 지은 선교장은 전형적인 강릉의 주거 형태인 ㅁ자형이었을 것으로 추정된다. 안채와 사랑채, 아래채 등이 하나의 구조물도 연결되고 폐쇄된 안마당을 갖는 ㅁ자형으로, 이 집의 안쪽에 안채를, 앞의 서쪽 모퉁이에 사랑채를 들이고, 대문은 동쪽에 있었을 것이다. 안채와 사랑채를 대각선으로 엇갈리게 놓는 것이 당시 강릉지역의 일반적인 주택 형태였기 때문이다.[6]

이내번은 자신이 이룬 가세家勢를 바탕으로 가문의 위상을 높이고자 하였다. 전주이씨 왕족의 후예이지만, 여러 대 동안 관직에 나아가지 못했을 뿐만 아니라 세거지인 충주를 떠나 강릉으로 이주하면서 가문의 위상은 향반鄕班의 지위에 머물러 있었다. 조선 후기 당시 가문의 지위를 높이는 방법은 세 가지가 있었다. 첫째, 경제력을 바탕으로 납속納粟을 통한 공명첩空名帖에 의한 방법이었다. 공명첩에 명시된 직위는 비록 실직實職은 아니더라도 국가로부터 합법적으로 직위를 인정받는 것이었다. 둘째, 과거를 통해 관직에 나아가는 것이다. 관직에 나아간다는 것은 경제적인 보장뿐만 아니라 가문과 개인의 지위를 유지 발전시켜 주는 가장 좋은 방법이었다. 셋째, 벌열閥閱 가문과의 혼인婚姻이다. 혼인은 자신뿐만 아니라 가문의 지위를 상승시키거나 유지시키는 기능을 하였다. 통혼관계는 정치적 이권이나 경제적 이익 또는 학통學統의 보존과 같은 사회적 이익을 도모하는 수단으로 이루어졌다.

이내번은 공명첩을 통해 가문의 지위를 높이고자 하였다. 공명첩은 1732년(영조 8년)에 「부민권분논상별단富民勸分論賞別單」이 제정되면서 법제화하기에 이르러 『속대전續大典』과 『대전통편大典通編』에 반영되어 있었다. 이내번은 1773년(영조 49년)에 '가선대부嘉善大夫 동지중추부사同知中樞府事'의 직첩職帖을 받았다. 이듬해에는 부친 이주화에게 '가선대부嘉善大夫 이조참판 겸 동지의금부사同知義禁府事 오위도총부五衛都摠府 부총관', 모친 안동권씨에게 '정부인貞夫人'을 증직贈職하는 직첩이 내려졌다. 그리고 자신은 노인직으로 '가선대부嘉善大夫 행용양위부호군行龍驤衛副護軍'을 받았다.

3. 이후李垕, 만석꾼을 이루다

이내번에겐 대를 이을 아들이 없었다. 충주에는 그의 형 이재번李再蕃과 이중번李重蕃이 살고 있었다. 이내번은 이중번의 두 아들 덕춘德春과 시춘時春 가운데 둘째 아들 시춘을 입양한다. 맏아들 덕춘은 친부親父인 이중번의 대를 잇고, 둘째 아들 시춘은 양부養父 이내번의 대를 잇게 된 것이다. 이러한 인연으로 이중번의 대를 이은 덕춘의 아들 달조達朝는 후일 강릉으로 이주하게 된다.

이시춘은 삼남일녀의 자식을 두었다. 맏아들 후垕[7]를 비롯하여 둘째 아들 승조昇朝와 셋째 아들 항조恒朝를 두었다. 그러나 이시춘이 가장으로서 선교장의 경영에 참여한 기간은 길지 않았다. 양부 이내번이 칠십구 세까지 장수하였을 뿐만 아니라,[8] 선교장을 물려받은 지 오 년 만에 어린 자식을 두고 세상을 떠났기 때문이다. 따라서 신교장은 십삼 세에 불과한 맏아들 후에게 넘어갔다. 선교장 주인이 된 이후는 어린 나이에도 불구하고 탁월한 경영수업을 차분히 쌓아, 그 후 집안을 차근차근 만석꾼으로 만들어 나간다. 그리고 보통의 상류주택인 선교장을 대규모의 장원莊園으로 바꾸어 놓았다.

다시 한번 말하거니와, 이후는 열세 살 어린 나이에 선교장의 주인이 되었다. 아홉 살 때 선교장의 기반을 마련한 할아버지가 돌아가시고, 열세 살 때 아버지마저 세상을 떠났다. 어린 나이에 선교장 주인이 된 그는 대내외적으로 많은 어려움을 겪어야 했다. 안으로는 돌보아야 할 가족이 많았다. 아버지가 돌아가신 후에는 열 살 된 동생 승조와, 셋째 항조를 임신한 어머니가 계셨다. 어린 동생을 보살피고 임신한 몸으로 남편과 사별

한 슬픔에 빠진 어머니마저 봉양해야 하는 일은 어린 가장에겐 힘든 일이었다. 게다가 집안을 경영하는 일은 더욱 어려운 일이었다.

이후는 외부로부터의 도전에도 시달려야 했다. 충주를 떠나 강릉에 세거한 지 삼대三代째 되면서 강릉에 살고 있던 토착세력들의 많은 도전을 감내해야 했다. 토착세력들은 외지에서 이주해 온 선교장을 경계했는데, 그들에게 선교장은 여러 가지 측면에서 거북한 존재였다. 첫째, 선교장이 왕족의 후예라는 사실은 토착세력에게 부담이었다. 선교장이 강릉 사족士族의 외척이기는 하지만, 전주이씨 왕족이라는 것은 대대로 강릉에 세거해 온 토착세력에게 분명 경계의 대상이었다. 둘째, 선교장이 학문탐구보다는 경영을 통해 경제적 실리를 추구한다는 것이었다. 지나치게 명분에 집착하고 있던 토착세력에게는 강릉에 이주한 지 불과 몇십 년 만에 큰 재산을 축적한 선교장이 범접키 어려운 충격으로 받아들여졌다. 자신들과는 비교가 되지 않는 경제력은 질투의 대상이 되기에 충분했다. 셋째, 농업경영을 통해 지역 농민들의 인심을 얻고 있는 것도 부담스러웠다. 선교장은 농지를 확장해 가는 과정에서 결코 무리한 방법을 쓰는 일

활래정에 걸려 있는 이후의 시 현판. 활래정 낙성식落成式 때 주자朱子의 시 「곡지헌曲池軒」에서 차운次韻한 것이다.

선고장 가계도 1 (효령대군 이하 13세 후설의 후손을 중심으로)

*『전주이씨효령대군정효공파세보全州李氏孝寧大君靖孝公派世譜』(2009)를 기준으로 작성하였다.

선교장 가계도 2 (13세 승조昇朝 및 항조恒朝의 후손을 중심으로)

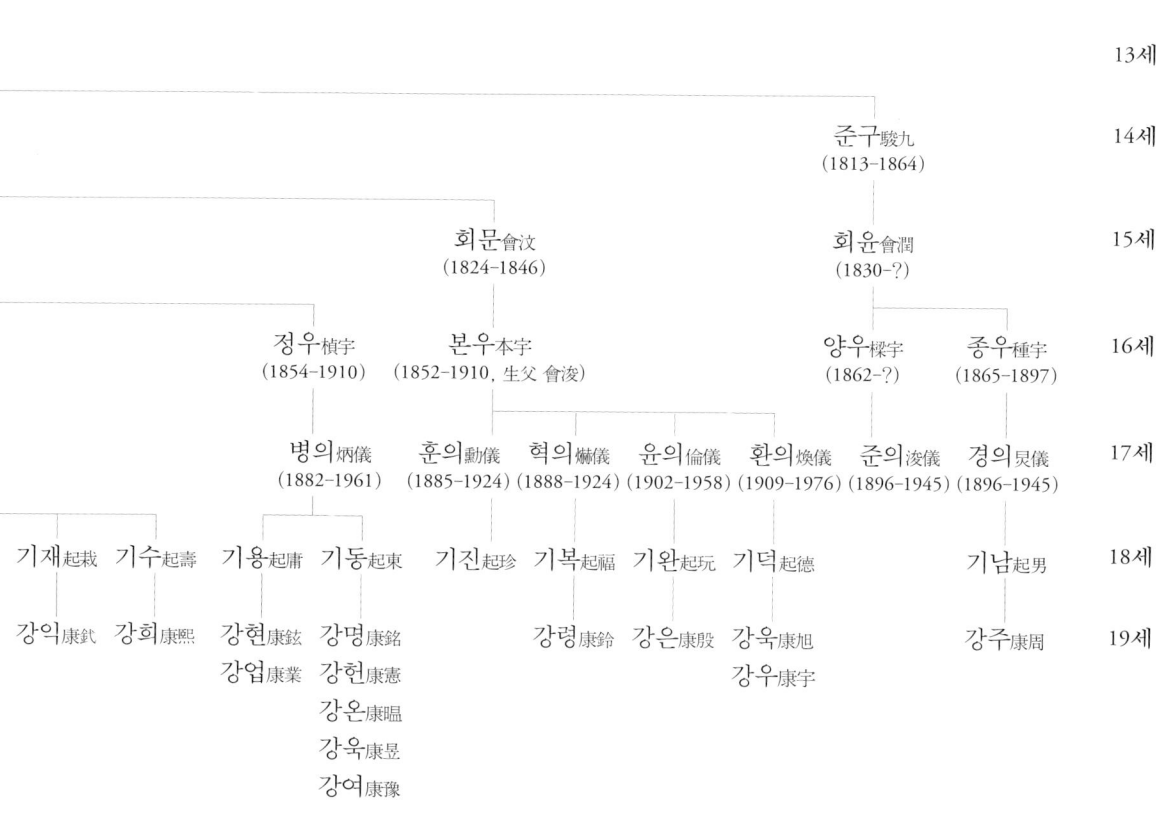

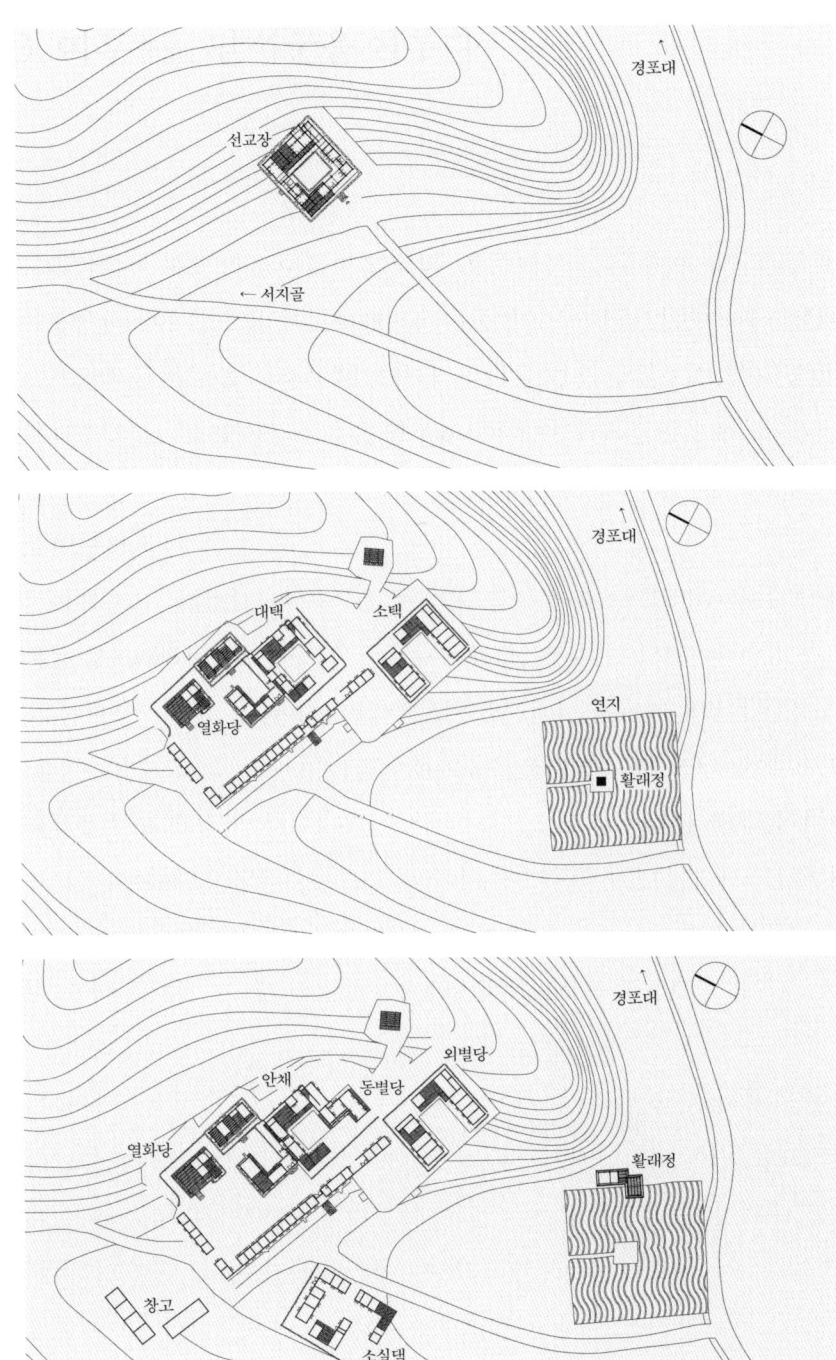

개기開基 당시의 선교장 배치 추정도. 도면 이명선.(위)
선교장은 배다리골 내부에 터를 잡으면서 골 안의 앞동산을 안산案山으로 삼아 좌향을 정했다.

이후李垕, 이용구李龍九 당시의 선교장 배치 추정도. 도면 이명선.(가운데)
이후는 보통의 상류주택이었던 선교장을 대규모의 장원으로 바꾸어 놓았다.

이근우李根宇 당시의 선교장 배치도. 도면 이명선.(아래)
당시 배다리골은 선교장이라는 장원의 명실상부한 독립적인 영역이 되었다.

현재의 선교장 배치도. 문화재청 제공.(p.37)

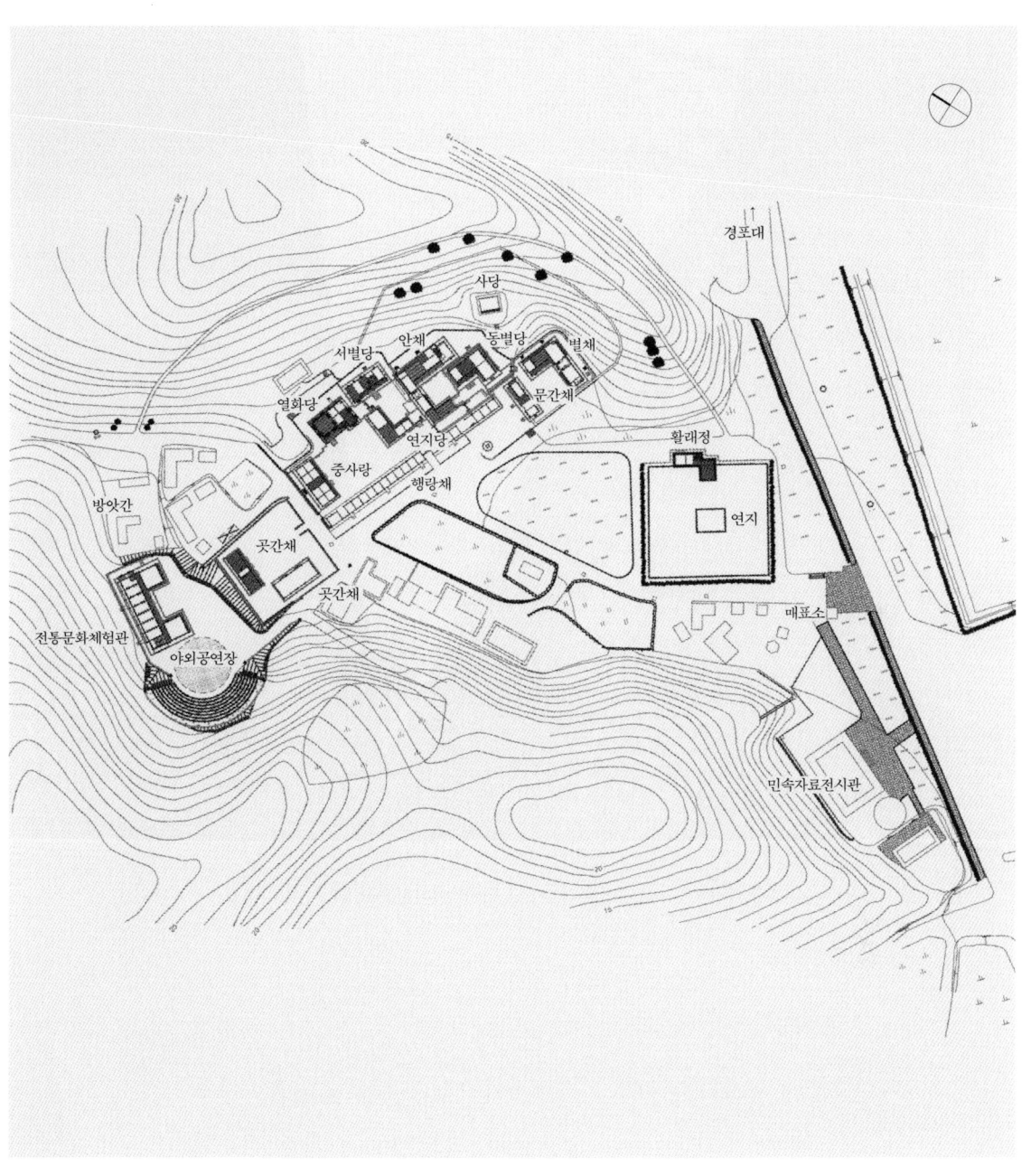

이 없었다. 농민의 입장을 고려하면서 농사 경영을 함으로써, 오히려 농민들의 인심을 얻어내었다.

이후는 대외적인 도전을 극복하기 위해 과거에 응시한다. 과거에 급제하여 관직에 나아가는 것은 가문의 정치적 사회적 위상을 세움에 필수적인 요소였다. 특히 강릉과 같은 지방에 거주하는 재지사족在地士族이 중앙으로 진출하여 사대부의 지위로 올라설 수 있는 가장 좋은 방법은 과거에 급제하는 것이었다. 이후는 아버지의 삼년상을 모신 다음 과거에 응시할 준비를 한다. 그는 지역사회의 질시를 불식시키고 주류사회에 합류하기 위해, 1801년(순조 1년) 이십구 세에 처음으로 과거에 응시한 것을 시작으로 삼십삼 세가 되는 1805년, 오십 세가 되는 1822년 등 세 차례나 과거에 응시했다. 특히 오십 세가 되어서도 과거에 응시한 것은, 경제적 기반을 마련한 그가 과거 급제를 통해 가문의 지위를 한 단계 높이고자 하는 열정과 집념이 얼마나 강했는가를 보여 준다.

그러나 어린 나이에 감당하기 힘들었던 가정사를 돌보느라 과거 준비가 소홀했고, 불공정한 시험관의 횡포로 낙방의 아픔을 맛보아야 했다. 강릉으로 돌아온 그는 중앙정계에의 출입을 일절 끊고, 은둔처사로서 가사家事 경영에만 몰두한다. 그리고 과거 급제를 통해 가문의 지위를 상승시키고자 했던 꿈은 자식들에게 넘겨 주고, 과거의 실패를 전화하여 오히려 시문詩文과 풍류생활을 즐기는 한편, 선교장이라는 대장원의 건축, 조경을 포함한 공간의 연출과 훌륭한 가문에의 조직에 전념했던 것으로 보인다.

마침내 이후는 중년에 만석꾼이라는 칭호를 얻었다. 해마다 풍년이 들어 나날이 집안이 번창하면서 영동지역은 물론 강원도 일대의 농토 상당 부분이 선교장의 소유가 되었다. 들이 넓은 영호남에서 만석꾼이라는 칭호는 흔히 들을 수 있는 것이다. 하지만, 산이 많고 들판이 거의 없는 강원

활래정의 겨울 풍경.
이후는 배다리골 입구에 연못을
파고 활래정을 지어 시문과
풍류생활을 즐겼다.

도에서 만석꾼 소리를 듣는다는 것은 특별한 의미를 지닌다. 선교장이 소유한 농토는 영동지역을 중심으로 남북으로 길게 분포되어 있었다. 북쪽으로는 주문진, 양양까지, 남쪽으로는 삼척, 울진까지 이르렀다. 그러나 선교장 소유 토지의 중심은 주변 정동에 집중되어 있었다.

이후는 초야에 묻혀 학문과 풍류를 즐기는 은일지사隱逸之士로 생활함으로써, 처사공處士公이라 불렸다. 그는 고매한 선비의 생활을 누리면서, 국내의 명승지를 두루 찾아다니며 시를 남겼다. 그리고 선교장 뒷산 송림 속에 팔각정을 지었다. 팔각정에 올라서면 넓은 경포 호수가 온통 시야에 들어오고, 송림 사이로 동리를 굽어볼 수 있었다.

이후는 배다리골 입구에 연못을 파고 활래정活來亭을 지었다. 선교장 입구의 왼쪽에 둑을 쌓아 물을 가두고 연못을 만들어 연꽃을 심었다. 그 위에 정자를 지어 풍류객들과 교유하였다. 정자의 이름은 '활래정'이라 하였다. 주자朱子의 시에서 취한 것이다. 그리고 정자 안에 중국 북송시대北宋時代 유학자 소옹邵雍의 시구를 걸어 두고 자식들에게 훈계하였다.

平生不作皺眉事　　평생에 눈썹을 찌푸리는 일을 하지 않으면
世間應無切齒人　　세상에서 마땅히 원망하는 이 없으리라

이후는 대가족을 부양했다. 열세 살이라는 어린 나이에 아버지 이시춘이 돌아가시어 가장으로서 동생들을 보살펴야 했다. 그런데 동생 승조와 항조가 스물아홉 살과 서른일곱 살이라는 젊은 나이에 어린 자식들을 남기고 먼저 저세상으로 갔다. 이후에게 동생의 죽음은 자식을 잃은 부모의 슬픔과도 같았다. 충주에서 강릉으로 이주해 와 토착세력들의 질시를 받으며 외롭게 살아가던 그는 누구보다도 가족의 소중함을 느꼈으리라. 그리하여 자신의 두 아들은 물론 조카들까지 분가시키지 않고 한집에서 함께 살도록 한다. 안채의 아래채를 증축하여 승조의 가족을 거처하게 하고, 사랑채 열화당悅話堂을 지어 항조의 가족들을 거처하게 하였다. '열화당'이라는 당호는 도연명陶淵明의 「귀거래사歸去來辭」에 나오는 "친척과 정다운 얘기를 나누며 기뻐한다悅親戚之情話"라는 구절에서 따 온 것이다. 선교장에서 열화당은 그 이름대로 가족간의 사랑을 상징하는 건물이 되었다.

그의 일생은 나눔의 철학을 실천하는 삶이었다. 환갑 되는 해에 추위를 무릅쓰고 성묘를 갔다가 중풍에 걸렸다. 병세가 위독해지자 두 아들을 불러 앉혀 놓고 친척과 이웃들과 나누며 살고자 했던 자신의 생각을 자손들이 실천하도록 당부하는 유언을 남긴다. 그리고 수천금을 가난한 친족과 친구들에게 나누어주어 다시 한번 이웃과 가족의 사랑을 실천한다. 마침내 스스로 "풀은 왕손의 동산에 푸르고, 봄은 처사의 땅에 깊었네草綠王孫園春深處士地"라는 시구 하나를 남기고 처사공다운 생을 마감하였다.

4. 이용구李龍九·이의범李宜凡, 관직에 나아가다

이용구와 이의범9)은 과거에 급제하였다. 이후의 두 아들 가운데 첫째 용구는 1825년(순조 25년)에 생원시에 급제하고, 둘째 의범도 1827년(순조 27년)에 생원시에 급제하였다. 과거에 급제하고자 했던 이후의 소망이 두 아들에 의해 이루어진 것이다. 아버지는 아들이 과거에 급제한 기쁨을 시로 읊고 있다.

爺孃已老倍歡顏	부모가 이미 늙었으니 기쁜 얼굴 배나 더한데
彩服鶯衫一色斑	채복과 앵삼이 한 빛으로 아롱무늬구나
寂寞門闌三年後	집의 문 앞이 적막한 지 삼대나 지난 후에
榮光次第二年間	급제의 영광이 이태 만에 또 있었네
紅雲北闕蓮巾退	붉은 구름 이는 북궐에서 연꽃 두건 이고 물러나와
白雪東關王篴還	흰 눈 내리는 관동에 보배로운 피리소리가 돌아오네
二胤榮吾吾未果	두 아들이 나를 영화롭게 했는데 나는 그러지 못하였으니
不堪餘愴淚潸潸	소리 없이 흐르는 눈물 참을 수 없노라

아들의 급제를 축하하는 잔치 문희연聞喜宴에서 자신의 기쁨을 이렇게 시로써 표현하였다. 과거에 낙방한 회한을 가지고 있던 그에게 아들의 급제는 참으로 감격적인 것이었다. 그러나 그는 지나친 욕심을 경계하였다. 경사가 겹쳐서 이미 영화로움이 집안에 가득하니 더 큰 욕심을 경계하여, 이 무렵 자신의 이름을 면조冕朝에서 후垕로 바꾸었다. 모든 소원이 이루어져 가득 찼다는 의미로 '두터울 후垕'로써 겸양의 예를 갖춘다. 이제 더 이상의 욕심을 내지 않아야 함을 스스로 경계하려는 의도였다.

이용구는 선교장의 주인으로서 역할을 다하였다. 그는 이십팔 세에 생원시에 급제하였으나 삼십팔 세 되는 1835년에야 통훈대부通訓大夫 통례원通禮院 인의引儀의 벼슬을 제수받는다. 오랫동안 벼슬길로 나아가지 않고, 오로지 아버지의 유지를 받들어 선교장을 경영하면서 대가족을 위해 서별당西別堂과 연지당蓮池堂을 완성하였다. 서별당은 집안의 자녀들을 교육시키기 위해

방해정放海亭.
이의범은 벼슬살이를 마감하고 여생을 즐기기 위해 경포 호숫가에 이 정자를 지었다. 방해정이라는 이름은 『맹자孟子』의 "모든 것은 바다에 다다른다放乎四海"라는 구절에서 따온 것이다.

지은 서재였다. 직계가족뿐만 아니라 지손支孫의 가족까지 한집에 살았기 때문에 집안의 자녀들이 많았다. 따라서 이들의 교양을 높이고 배움을 돕는 공간으로 서고와 서재를 마련한 것이다. 또한 줄행랑을 지어 선교장이 하나의 주거공간으로서 기능과 형태를 갖추도록 하였다.

이어서 동생 의범의 가족을 위해 외별당外別堂을 지었다. 외별당은 안채 동쪽에 세워졌는데, 본채를 '대택大宅'이라 하고 의범의 외별당은 '소택小宅'이라 하였다. 1820년(순조 20년)에 작성된 선교장의 추수기秋收記에 의하면, 농지도 본가인 이용구의 대택과 동생 이의범의 소택으로 나누어 관리하고 있었다. 이처럼 가장인 형은 아우와 주택, 토지, 그 밖의 재산을 나누었지만, 대가족이라는 큰 울타리 속에서 한가족으로 경영하며 살아갔다.

이의범은 과거에 급제하고 벼슬길로 나아갔다. 그는 1827년(순조 27년) 이십육 세의 나이로 생원시에 급제하였으나, 삼십팔 세 되는 1839년

(헌종 5년)이 되어서야 음사陰仕로 예빈시禮賓寺 참봉參奉이 되어 관직생활을 시작하였다. 1841년 내섬시內瞻寺 봉사奉事를 거쳐, 1845년에는 사헌부司憲府 감찰監察이 되었다. 그리고 1850년(철종 1년)에 청안현감淸安縣監을 거쳐 1853년에 통천군수通川郡守가 되었다. 그는 통천군수로 재직하면서, 흉년이 들어 백성들이 굶주리자 선교장 창고에 있는 수천 석의 쌀을 내어 백성들을 구휼하였다. 이같은 선정善政의 명성은 백성들에 의해 강원도 전역으로 퍼졌고, 이후 선교장을 '통천댁'이라고 부르게 되었다.

이의범은 한양 재동齋洞에 육십여 칸의 주택을 짓고 살았다. 이 집은 이의범 가족뿐만 아니라 선교장의 자녀들이 와서 공부하고 과거를 준비하는 곳이기도 했다. 강릉 선교장은 형인 이용구가 경영하고, 한양 재동의 주택은 동생 이의범이 책임을 지고 있었다. 서로 분가하여 독립적인 생활을 하면서도 한가족으로 각자의 역할을 분담하면서 살았다. 후대에 가서 서로 양자를 함으로써, 자연스럽게 두 집은 하나의 집으로 다시 합치게 된다.

한편, 이의범은 경포 호숫가에 정자를 지었다. 통천군수를 마지막으로 벼슬살이를 마감한 그는 한양에 살면서도 마음은 고향에 와 있었다. 그래서 1859년(철종 10년) 경포호 홍장암紅粧岩 가까운 곳에 터를 잡고 정자를 지은 것이다. 이름하여 '방해정放海亭'이라 하였다. 이는 『맹자孟子』에 나오는 "근원이 있는 샘물은 끊임없이 흘러 밤낮을 가리지 아니하고 웅덩이에 가득 채운 후에 넘쳐

외별당 앞 장독대.
외별당은 이용구가 동생 이의범을 위해 지은 것으로, 본채를 대택이라 하고 외별당을 소택이라 하였다.

흘러서 사해에 이른다 原泉混混 不舍晝夜 盈科而後進 放乎四海"라는 구절에서 따온 것이다. 즉 스스로 근원이 깊은 샘물처럼 끊임없이 밤낮으로 노력하며 부족한 부분을 메우고 수양하여 마침내 군자가 되고자 하는 의미로 방해정이라는 이름을 취한 것이다. 이의범은 매학정 梅鶴亭과 경포대 鏡浦臺를 이웃하고 있는 이곳 방해정에서 여러 시인묵객들과 풍류를 즐기며 여생을 보냈다.

5. 서울에서 벼슬한
이회숙李會淑·이회원李會源 형제

이용구에게는 회숙會淑과 회원會源, 두 아들이 있었다. 그러나 동생 이의범에겐 대를 이을 아들이 없었다. 따라서 이의범은 형 이용구의 둘째 아들 회원을 양자로 들였다. 회숙과 회원은 각각 이용구와 이의범의 대를 잇도록 되어 있었지만, 함께 한양에서 과거를 준비하였다. 그리고 과거에 급제한 후 벼슬살이를 하면서도 한집에서 한가족으로 살았다.

이회숙과 이회원은 한양에 거주하면서 한양의 벌열閥閱 가문들과 혼인한다. 조선 후기 양반은 벌열과 한족寒族으로 분화하였다. 벌열은 대대로 높은 벼슬을 하면서 정치적 사회적 특권을 자손들에게 세습하는 가문으로, 조선 후기 정국을 주도한 집권세력이었다. 반면 한족은 벼슬을 하지 못하여 한미해진 가문으로, 중앙권력에서 멀어져 지방에 머물러 있었다. 또한 벌열은 서울에 거주하는 경화사족京華士族으로 관직과 군력을 독점하기 위해 벌열 가문끼리 혼인을 하였다. 당시 벌열 가문과 혼인을 하는 것은 중앙의 주류사회에 편입되었음을 의미하는 것이었다.

선교장은 강릉에 기반을 두고 있었지만, 벌열 가문과 혼인을 통해 중앙의 주류사회에 합류하였다. 선교장이 벌열 가문과 혼인할 수 있었던 것은 왕족 전주이씨라는 족적 기반과 관직에 진출한 관료적 기반, 중앙의 주류사회와 교유할 수 있는 경제적 기반 등을 두루 갖추고 있었기 때문이다. 이회숙은 기계유씨杞溪兪氏 가문의 사과司果 유기환兪麒煥의 딸과 혼인하였다. 유기환은 좌의정을 지낸 유홍兪泓의 구대손으로, 당시 대표적인 벌열 가문 가운데 하나였다. 이회원은 반남박씨潘南朴氏 가문의 군수 박풍수朴鄷

壽의 딸과 혼인하였다. 박풍수의 집안은 오대에 걸쳐 판서를 지낸 당시 최고의 벌열 가문이었다. 박풍수의 아버지인 박종보朴宗輔와 숙부인 박종경朴宗慶은 판서를 지냈으며, 숙부 박종희朴宗喜는 참판을 지냈다. 이회숙과 이회원 대에 와서 선교장 주인은 그들의 경제적 기반이 있는 강릉에 머물지 않고 한양으로 진출하였다. 관직생활과 벌열 가문과의 혼인을 통해 가문의 지위를 경화사족의 수준으로 상승시킨 것이다.

이회숙은 1840년 십팔 세의 나이에 생원시에 급제하였다. 그리고 1858년(철종 9년) 삼십육 세의 나이에 음사로 전옥서典獄署 참봉參奉에 임용되면서 관직생활을 시작하였다. 1862년 평시서平市署 주부主簿, 제용감濟用監 주부를 거쳐, 1865년(고종 2년) 통례원通禮院 인의引儀, 선공감繕工監 주부, 내자시內資寺 주부에 임명되었다. 그리고 1866년 의금부義禁府 도사都事에 임용되었다가, 1869년 사십칠 세에 흡곡현령歙谷縣令에 임용되었다. 고향인 강원도의 흡곡으로 내려와 지방민을 다스리는 것으로 관직생활을 마감하였다.

그는 흥선대원군興宣大院君과 친밀한 관계를 가지고 있었다. 선교장에서는 흥선대원군에게 같은 왕손이라는 혈연의식을 바탕으로 정치자금을 제공하였다. 흥선대원군은 안동김씨安東金氏의 세도정치로 혼란에 빠진 국정을 바로잡기 위해 권력을 장악할 수 있는 기회를 노리고 있었다. 이때 선교장의 경제력은 흥선대원군에게 중요한 힘의 원천이었다. 이같은 인연으로 이회숙은 흥선대원군이 거처하던 운현궁雲峴宮을 자유롭게 출입할 수 있었다. 그리고 흥선대원군의 친필을 선교장에 많이 간직하게도

오재당午在堂. 처음 사당의 현판은 대원군大院君이 써 주었으나, 현재의 현판은 일중一中 김충현金忠顯의 글씨이다.

되었다.

　이회원은 1844년(헌종 10년) 십오 세의 어린 나이에 생원시에 급제하였다. 그러나 관직생활은 늦은 나이인 오십사 세 되는 1883년(고종 20년) 순창원順昌園 수봉관守奉官으로 시작하였다. 이후 1886년 사헌부 감찰이 되고, 이듬해에 의금부 도사와 공조좌랑工曹佐郞이 되었으며, 상서원尙瑞院 별제別提, 통례원 인의 등을 거쳐 1894년에 통정대부通政大夫 당상관堂上官이 되었고, 돈녕부敦寧府 도정都正을 거쳐 승정원承政院 동부승지同副承旨에 올랐다. 그리고 1894년 9월 동비東匪를 토벌하라는 임무를 띠고 강릉대도호부사江陵大都護府使 겸 관동소모사關東召募使로 특임되었다. 동비를 진압한 다음해에 신병身病을 이유로 스스로 강릉부사직에서 물러나면서 관직생활을 마감하였다. 그는 강릉부사로서 동학군들과의 전투상황을 상세하게 정리하여 『동비토록東匪討錄』을 저술하기도 했다. 『증수임영지增修臨瀛誌』에는 이회원에 대해 "기풍이 당당하고 위엄이 있었으며, 도량이 넓고 컸다"라고 기록되어 있다.

6. 선교장의 전성기를 이뤄낸 이근우李根宇

이회숙은 대를 이을 아들이 없었다. 반면 동생 이회원에게는 근우根宇와 명우榠宇 두 아들이 있었다. 따라서 이회원의 큰아들 근우는 형 이회숙의 양자로 가서 대를 잇고, 작은아들 명우는 이회원의 대를 이었다.

이근우는 일본이 조선을 식민지배하는 격동기에 살았다. 그는 양부養父 이회숙이 별세한 다음해인 1877년(고종 14년)에 태어났다. 생부 이회원이 사십팔 세에 얻은 자식이기 때문에 무엇보다도 귀한 아들이었다. 특히 자손이 귀한 선교장의 대를 이을 인물이었기에 더욱 그러하였다. 서울에 거주하면서 십이 세와 십오 세 때 과거에 응시하였으나 급제는 못하였다.

이근우는 이십 세 되는 1896년 음사로 장릉莊陵 참봉參奉이 되었다. 장릉은 영월에 있는 단종端宗의 능으로, 이를 관리하는 참봉이 된 것은 그가 서울에서 강릉으로 내려오는 계기가 되었다. 강릉으로 내려왔을 때 선교장은 양어머니인 기계유씨가 홀로 관리하고 있었다. 그는 안살림을 맡아 이끌어 주신 양어머니 기계유씨와 함께 선교장 최고의 전성기를 맞이하였다.

이근우는 선교장을 명실상부한 하나의 장원莊園으로 발전시켰다. 장원이란 대규모 토지를 바탕으로 경제적 사회적으로 독립된 하나의 공동체를 일컫는다. 선교장은 일반 주택이나 취락聚落과는 달리 한 가정이 만석꾼이라 불릴 만큼 대규모의 토지를 소유하고 있었고, 대가족이 상주하고 있었다. 선교장이 있는 배다리골 안에는 선교장에 딸려 있는 솔거노비率居奴婢들이 사는 농막農幕이 꽉 들어차 있었다. 선교장의 영역은 배다리골 전체로 확장되었으며, 하나의 장원을 형성하기에 충분하였다.

이근우는 이 대장원에 걸맞도록 집을 신축 혹은 재건축한다. 가족을 가장 중요시하는 선교장의 전통에 따라 안채의 일부를 헐어내고 동별당東別堂을 들였다. 동별당은 선교장의 중심건물로, 건물 가운데 가장 높고 규모가 크다. 높은 곳에 지어서 배다리골 안에서 일어나는 모든 상황을 감독할 수 있었으며, 가장 큰 규모의 건물로 선교장 주인의 상징적인 거처가 되었다. 그리고 활래정活來亭을 현재와 같은 위치와 형태로 중건하였다. 이후가 처음 만든 활래정은 연못 가운데 섬을 만들고 그곳에 초옥을 지은 형태였다. 이근우는 창덕궁昌德宮 후원의 부용정芙蓉亭을 본떠서 활래정을 중건하고, 이곳에서 온 나라의 뛰어난 인물들과 교유하였다. 전국의 다양한 인물들이 활래정으로 모여들게 함으로써, 선교장이 사교와 문화교류의 장소가 되도록 했다. 또한 솟을대문 앞에 당당하게 자신의 소실小室을 위한 주택인 소실댁을 지었으며, 배다리골 안에 농막을 지어 선교장을 유지하는 데 필요한 노비들이 거주하도록 하였다. 이로써 배다리골은 선교장이라는 장원의 명실상부한 독립 영역이 되었다.

이근우는 경포호 옆의 별장인 방해정放海亭을 선교장의 영역으로 확장하여 가꾸었다. 조부 이의범에 의해 지어진 방해정을 선교장의 별장으로 긴밀하게 활용하기 위해 중건한 것이다. 일제는 강릉 관아의 객사客舍였던 임영관臨瀛館을 헐어내면서 목재를 방치하였는데, 이근우는 이 임영관 목재를 가져와 방해정을 새롭게 지었다. 그리고 주변에 솔밭을 조성하여 '이가원李家園'이라는 이름을 붙였다. 특히 경포 호숫가에 있는 홍장암紅粧岩 바위에 '李家園主 李根宇이가원주 이근우'라는 글씨를 새김으로써 경포호와 주변 솔밭을 선교장의 정원으로 편입시키고자 하였다. 이로써 선교장의 영역은 배다리골에 머물지 않고 경포호와 주변 솔밭으로 확장되었다.

그는 만석꾼에 걸맞게 선교장을 경영한다. 선교장이 소유하던 농토는 강릉을 중심으로 넓은 지역에 분포되어 있었다. 그리고 강릉 지역의 농토

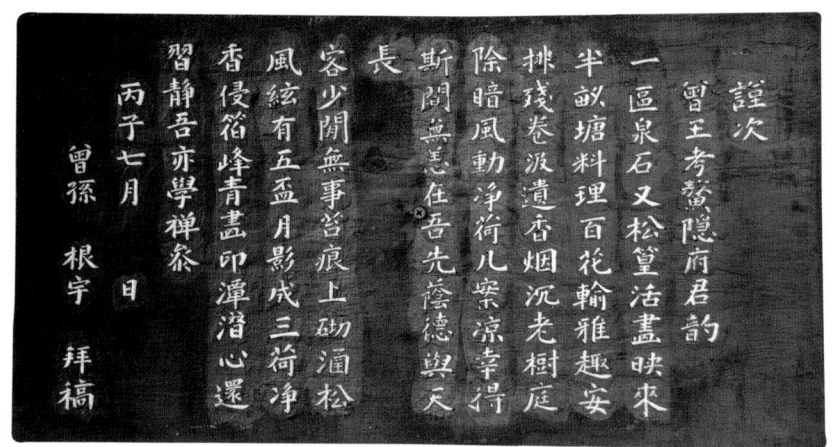

활래정에 걸려 있는
이근우의 시 현판.
증조부 오은鰲隱 이후李厚가
활래정 낙성식 때 쓴 시를
이근우가 다시 차운次韻하여
쓴 시이다.

는 선교장이 있는 정동을 중심으로 집중되어 있었다. 선교장 북쪽으로는 주문진, 양양, 속초, 통천까지 분포되어 있었고, 남쪽으로는 묵호, 삼척에 이르렀다. 그리고 서쪽으로는 평창과 진부 등지에 산재해 있었다. 충주의 선산 조상묘를 위한 위토답位土畓을 비롯하여, 음성과 여주, 이천에도 농토를 가지고 있었다. 추수秋收의 계절이 되면, 주문진 북쪽에서 생산된 수확물은 북촌 즉 주문진에 저장하였으며, 강릉 남쪽에서 수확되는 것은 남촌, 즉 묵호에 저장했다. 그리고 정동을 중심으로 하는 강릉 일대에서 수확되는 것만 본가에 수납, 저장했다. 이처럼 이근우는 농지를 선교장이 있는 정동을 중심으로 집중시킴과 동시에 강릉 주변 지역으로 분산시켰다. 선교장을 중심으로 한 지역에 농지를 집중시킨 것은, 이곳의 토지가 벼농사에 유리한 조건을 갖추고 있었을 뿐만 아니라, 거주지 가까이 있어서 직접 경작이 가능했기 때문이다. 그리고 강릉 주변 여러 곳으로 농지를 분산시킨 것은 가뭄이나 홍수 등과 같은 천재지변의 위험에 대비하기 위한 것이었다.[10]

이근우는 민족과 국가의 미래를 도모하는 선각자요 애국자였다. 그는

1907년 선교장이 있는 강릉 정동면丁洞面의 면장面長으로 임용되었다. 국가에서는 선교장 주인에게 지방관을 맡기면 흉년이 들었을 때 선교장 창고에 있는 수천 석의 쌀을 풀어 구휼하는 전통을 알고 있었다. 이의범이 통천군수를 지낸 이래 이회숙은 흡곡현령, 이회원은 강릉부사를 역임한 바 있다. 이근우는 정동면장으로 지방민에게 선정을 베푸는 동시에 우리 민족의 미래를 염려하지 않을 수 없었다. 일제에 의해 국가가 존폐의 위기에 처해 있음을 실감하였고, 국가가 이같은 운명에 처한 것은 제대로 된 교육의 부재에서 비롯된 것으로 판단하여 동진학교東進學校를 설립한다.

동진학교는 인재 양성을 통해 쓰러져 가는 나라를 다시 일으켜 세우겠다는 의지에서 비롯되었다. 1908년 이근우의 동진학교는 신식교육을 향한 꿈의 산실産室이었다. 몽양夢陽 여운형呂運亨, 성재省齋 이시영李始榮을 비롯한 당시 최고의 지식인들을 교사로 초빙하였다. 그 밖에도 다수의 유명 인사들을 모셔 이곳 영동지역의 젊은이들에게 민족을 위한 애국교육과 국제정세를 알 수 있도록 기회를 주었다. 이 학교는 학비를 비롯한 숙식비, 교복비, 교재비 등 전액을 선교장이 부담하였다. 그러나 일제의 은밀한 탄압으로 동진학교는 강제로 폐교되고 말았다.

활래정 주련.
활래정 주련은 농천農泉 이병희李丙熙의 글씨로, 일반 주택의 그것과는 달리 화려하다.

이근우는 1910년 우리나라가 일제에 의해 식민지배를 받게 되자 국가의 광복을 위해 독립자금을 제공하였다. 밖으로 조선총독부 중추원中樞院 참의參議를 맡아 일본의 식민정부에 형식적으로 협조하면서, 안으로는 동진학교에서 인연을 맺은 여운형과 이시영을 통해 백범白凡 김구金九 등과 접촉하면서 이들에게 은밀하게 독립자금을 제공한다. 사람을 시켜서 사당에 있는 집안의 위패를 훔쳐가게 하고는, 그것을 되찾는다는 명목으로 자금을 제공하였다. 그리고 독립자금을 수령하기 위해서 사람이 오면, 집안에 도둑이 들었다고 신고하여 일본군과 경찰들이 모두 선교장에 모여들게 하고는, 일본군과 경찰의 감시가 소홀한 곳에서 이들을 만나 직접 독립자금을 전해 주기도 하였다.

이근우는 선교장을 전국 최고의 풍류객들이 모이는 문화공간으로 만들었다. 그렇게 할 수 있었던 것은 다음과 같은 두 가지 요인이 서로 상승작용을 하였기 때문이다. 첫째, 선교장의 주인은 이용구 이후 서울에 거주하면서 관직생활을 하였다. 이용구를 시작으로 선교장의 주인들은 관직생활을 하면서 서울의 벌열 가문과 교유하였다. 당시 벌열 가문은 중앙관직을

월하문月下門.
활래정의 출입문으로,
배다리골의 입구를 상징한다.
문 양쪽 기둥에는 중국 당나라 때의 시인 가도賈島의 시가
주련으로 걸려 있다.

독점하면서 정국을 주도하던 실세들이었다. 이들과의 오랜 친교는 선교장에 많은 풍류객들이 방문하는 계기가 되었다. 둘째, 조선시대 풍류객에게는 금강산과 관동팔경을 유람하고 그 감흥을 시詩·서書·화畵로 남기는 것이 가장 큰 바람이요 소원이었다. 관동지방의 길목에 자리한 선교장은 금강산과 관동팔경의 유람을 향한 출발점이었기에, 경제력을 바탕으로 유람을 다니는 풍류객들에게 많은 편의를 제공한 것이다.

전국 최고의 풍류객이 모이면서 선교장은 정치와 문화의 중요한 친교 장소가 되었다. 선교장을 방문한 풍류객은 정치적인 인물과 문화적인 인물로 구분된다. 이근우는 중앙에서 활동하고 있는 정치적인 인물들을 선교장에 초청하였다. 헌종 대에 영의정을 지낸 조인영趙寅永을 비롯한 현역 정치인과 여운형, 이시영, 김구 등 신지식을 바탕으로 나라의 독립을 추구하던 근대 인물, 그리고 러시아의 공사까지도 초청하였다. 이들과의 교유를 통해서 나라의 중심인 서울과의 연결고리를 지속적으로 유지하는 한편, 나라의 중앙에서 일어나는 모든 일과 국제정세에 대한 정보를 공유할 수 있었다.

문화예술인들의 선교장 방문도 줄을 이었다. 당대에 내로라하는 문인묵객들이 선교장을 방문하여 시·서·화를 남겼다. 소남少南 이희수李喜秀, 무정茂亭 정만조鄭萬朝, 성당惺堂 김돈희金敦熙, 해강海岡 김규진金圭鎭, 백련百蓮 지운영池雲永, 성재性齋 김태석金台錫 등 조선 말기 서예의 대가들이 선교장을 방문하여 머물다가 귀한 작품을 남겼다. 이 외에도 선교장에는 흥선대원군과 추사秋史 김정희金正喜의 글씨, 사임당의 그림이 많이 남아 있다.

7. 선교장, 역사의 격동기 속으로 들어가다

한반도의 위기는 선교장의 위기였다. 조선은 1910년 일제에 의해 강제 병합되면서, 삼십육 년이라는 짧지 않은 기간 동안 일본의 식민통치가 이루어졌다. 그리고 1945년 해방과 1950년 한국전쟁 등은 나라의 변화와 함께 선교장에도 많은 변화를 가져왔다. 정부의 정책과 사회적 분위기의 변화에 따라 농업을 비롯한 기존의 선교장 경영방식의 변화와 함께 자녀들에 대한 교육방식도 전통적인 교육에서 근대교육으로 바뀌었다. 우리나라가 역사의 격동기 속에 들어가듯이 선교장도 급격한 변화의 격랑 속으로 들어간 것이다.

이근우는 아들 돈의燉儀, 경의慶儀, 현의顯儀와 딸 순의舜儀 등 삼남일녀를 두었다. 그는 자식들에게 신식교육을 시켰다. 장남 돈의는 자신이 설립한 동진학교東進學校에 입학시켜 공부하도록 했다. 그리고 차남 경의와 삼남 현의는 서울로 보내서 신식교육을 받도록 하였다. 한편 이근우는 강릉에 기반을 두고 있으면서 자주 서울에 올라가 중앙의 벌열 가문과 교유하였다. 그리고 그들과 혼인을 통해 선교장의 지위를 유지 발전시키고자 했다. 장남 돈의와 차남 경의는 우봉이씨牛峰李氏와 혼인하였으며, 삼남 현의는 해주오씨海州吾氏와 혼인하였다. 우봉이씨는 최고의 권력을 가진 벌열 가문이었으며, 해주오씨도 당시 대표적인 벌열 가문이었다. 특히 우봉이씨와는 연속적인 혼인을 통하여 관계를 더욱 돈독히 하였다.

이돈의는 장남으로서 선교장을 지켜야 했다. 동진학교가 일제에 의해 폐교된 이후 그는 가학家學을 통해 전통적인 교육을 받았다. 그리고 장릉莊陵 참봉參奉을 맡았다. 이돈의가 장릉 참봉이 된 것은 조선의 왕족으로 아버지 이근우가 장릉 참봉직을 맡았던 인연이 작용한 것으로 생각된다. 선교장에 소장되어 있는 고서들을 공부한 이돈의는 아버지 이근우의 뒤를 이어 시문과 한학에 능하였다. 특히 1946년에는 선대의 시문을 모아 『완산세고完山世稿』를 간행하였다. 이 문집은 이조참판吏曹參判과 부제학副提學을 지낸 동은공東隱公 이성李偗, 오은공鰲隱公 이후李垕, 인의공引儀公 이용구李龍九, 산석공山石公 이의범李宜凡, 흡곡공歙谷公 이회숙李會淑, 승선공承宣公 이회원李會源, 경농공鏡農公 이근우李根宇 등 일곱 명의 선조가 남긴 유고遺稿를 모아서 묶은 선교장의 문집이었다. 선교장의 시문집 발간은, 이근우가 오은공 이후의 시문을 모아서 『오은유고鰲隱遺稿』 4권 2책을 1909년 우리나라 최초의 석판인쇄본石版印刷本으로 발간하였다. 이 전통을 이어받아 이돈의는 부친 이근우의 문집인 『경농유고鏡農遺稿』를, 이어서 『완산세고』를 간행한 것이다.

한편 차남 이경의와 삼남 이현의는 서울에서 신식교육을 받으며 생활하였다. 이경의는 용산중학교를 거쳐 보성전문학교 법학부를 졸업하였으며, 역사학자 두계斗溪 이병도李丙燾의 중형인 서예가 이병희李丙熙의 딸과 결혼하여 조선총독부 토목과에서 일했다. 이현의는 용산중학교를 거

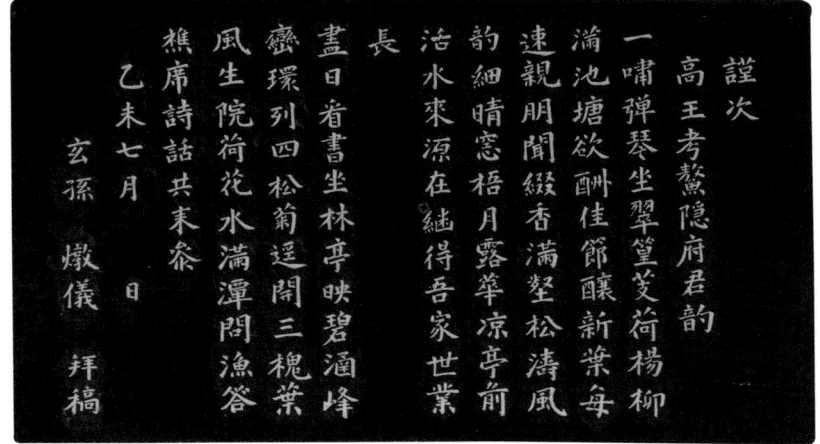

활래정에 걸려 있는 이돈의의 시 현판.
고조부 오은鰲隱 이후李垕가 활래정 낙성식 때 쓴 시를 이돈의가 다시 차운次韻하여 쓴 시이다.

선교장의 옛 모습

선교장 전경. 1929.(위)
이근우는 선교장을 명실상부한 대장원으로
발전시켰다. 그리고 이름에 걸맞게 동별당, 활래정 등을
중건하였다. 사진 오른쪽 아래로 소실댁의 일부가 보인다.

정면에서 본 선교장. 1929.(p.57 위)
병풍처럼 둘러싼 뒷산의 소나무는
선교장의 멋을 한층 더해 준다.

열화당悅話堂. 1929.(p.57 아래 왼쪽)
사랑채 열화당은 선교장에서 가족간의
사랑을 상징하는 건물이다.

방해정放海亭. 1940년대초.(p.57 아래 오른쪽)
별장인 방해정은 이의범이 벼슬살이를 마감한 후
경포호 입구에 지은 정자로, 이후 이근우에 의해
새롭게 단장되었다.

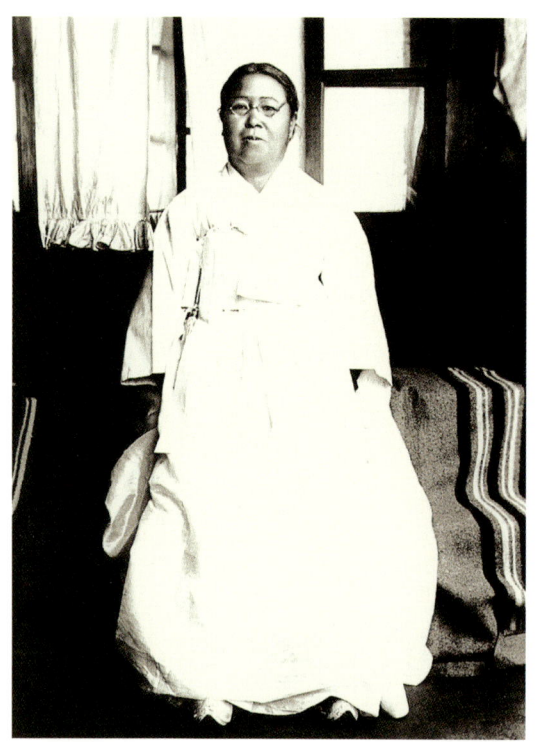

선교장 사람들
이헌의 편, 『선교장가족 사진집』(1995)에서.

기계유씨杞溪兪氏 부인. 1920년경. 선교장 앞 소실댁에서.(위)
이회숙의 부인 기계유씨는 벌열 가문 출신으로,
종부로서 선교장을 오랫동안 지켰다.

이근우李根宇와 부인 청풍김씨淸風金氏. 1935.(아래 왼쪽)
청풍김씨의 회갑 기념으로,
서울 사진관에서 촬영했다.

이기재李起載와 부인 성기희成耆姬의 결혼 사진.
1939. 12. 2. 서울 돈암동 신흥사新興寺에서.(아래 오른쪽)
선교장 종손 이기재는 창녕성씨 성홍경의 딸 성기희와
혼인하였다. 이후 이기재는 강릉시장을,
성기희는 관동대 교수를 역임했다.

활래정에 온 내객들.
1925년경.(위)
이근우에 의해 중건된 활래정은
전국에서 모여든 풍류객으로
선교장의 멋과 풍류의
상징이 되었다.

**이돈의가 선교장을 지키던
시절, 열화당 마당에서 찍은
가족 사진. 1935. 8.**
앞줄 왼쪽부터 현의, 기향,
돈의, 돈의의 모친 청풍김씨,
돈의의 부인 우봉이씨, 기중.
뒷줄 왼쪽부터 기준, 기택,
기화, 기화의 남편 윤택선,
기재, 경의.

쳐 경성치과의전京城齒科醫專을 졸업한 후에 서울에서 치과 의료원을 개원하였으며, 당시 동일은행東一銀行(조흥은행의 전신) 중역인 오건영吾建泳의 딸과 결혼하였다. 그러나 일제에 의해 제이차세계대전이 발발하면서 이들은 전쟁을 피해 가족들과 함께 다시 선교장으로 돌아온다.

이돈의는 슬하에 장남 기재起載를 비롯하여 기택起澤, 기중起重, 기장起墻, 기당起堂, 기풍起豐 등 육남일녀를 두었다. 장남 기재는 용산중학교를 졸업하고 선교장으로 내려와 교사가 되어 후진을 양성하였으며, 해방 후 1959년 9월 1일 민선 강릉시장으로 당선되었다가 1960년 사일구로 사임한다. 그는 창녕성씨昌寧成氏 가문의 성홍경成鴻慶의 딸 성기희成耆姬와 혼인하였다. 부인 성기희는 충북 단양의 수천 석 부잣집 딸로 태어나 서울 정동에 살면서 경기여고와 경성여자의학전문학교를 졸업하였다. 그리고 국제대학을 졸업한 후 관동대학교 가정과 교수로 재직하였다.

이경의는 부인 우봉이씨와의 사이에 기성起城, 기호起浩, 기방起邦 등 삼남이녀를 두었으며, 이현의는 부인 해주오씨와의 사이에 기서起墅, 기웅起雄, 기량起亮, 기연起淵 등 사남일녀를 두었다.

선교장의 자손 번창은 기회이자 위기였다. 선교장은 이근우 대까지 자손이 귀하였다. 따라서 재산이 분할되지 않고 부를 지속적으로 유지할 수 있었다. 그러나 이돈의, 이경의, 이현의 대에 오면서 자손이 번창하였다. 번창한 자손들은 다양한 분야로 진출하였다. 이기재가 강릉시장으로 정치계, 이기서가 고려대 부총장으로 학계, 이기웅이 출판사 열화당 대표로 문화계, 이기연이 에스티엑스STX 대련 사장으로 기업계, 이기재의 장남 이강륭李康隆이 조흥은행장으로 경제계 등으로 진출하였다. 선교장의 자손들이 여러 분야에서 선교장의 맥을 잇고 있음은 분명 선교장의 기회였다. 그러나 자손의 번창은 선교장 재산의 분할상속을 가져왔고, 선교장의 경제적 기반은 약화될 수밖에 없었다.

활래정 현판.
해강海岡 김규진金圭鎭이
쓴 것으로, 깊은 계곡에서
물이 흘러넘치는 듯
필력에 생동감이 가득하다.

선교장의 경제적 기반이 무너지게 된 결정적인 계기는 1950년에 시행된 농지개혁법農地改革法이었다. 1948년에 대한민국 정부가 수립되면서 농민들의 가장 큰 관심사는 농지개혁이었다. 농민들의 농지 및 토지개혁에 대한 목소리가 높아지자, 정부는 1949년에 농지개혁법을 제정하여 1950년에 시행하였다. 농지개혁의 골자는 정부가 지주들로부터 농경지를 수매하여 이를 영세농민들에게 분배하는 것이었다. 지주들에게는 매수 토지의 보상금으로 연수확량年收穫量의 백오십 퍼센트에 해당하는 지가증권을 발급한다. 그리고 정부가 수매한 농경지는 직접 경작하는 영세농민에게 삼 헥타르 한도로 분배하되, 그 대가를 오 년에 걸쳐서 해당 토지 수확량의 삼십 퍼센트씩 곡물이나 금전으로 상환하도록 하였다. 정부는 농지개혁을 통해 소작농에게는 자영농으로 성장할 수 있도록 지원을 하고, 지주에게는 농업자본을 산업자본으로 전환하도록 함으로써 근대산업을 일으키고자 하였다. 그러나 선교장은 다른 지주들 거의 대부분이 그러하였듯이 농업자본을 근대산업자본으로 전환하는 데 실패하였다.

선교장은 토지 보상금으로 받은 지가증권을 어디에 어떻게 투자할지 고민하던 중에 화폐개혁貨幣改革을 맞아, 이 유가증권은 휴지 조각이 되고 말았다. 정부는 1953년 기존 화폐를 백분의 일의 비율로 평가절하하는 화폐개혁을 단행하였다. 모든 원화의 유통을 금지시키고, 모든 거래 및 원화 표시 금전 채무는 백분의 일의 비율로 절하시켜 그 단위를 새로운 '환圜'으로 개칭하였다. 선교장의 토지 보상금은 산업자본으로 전환되지 못한 채 휴지 조각이 되어 사라졌다.

한편 한국전쟁은 선교장을 피해 가지 않았다. 전쟁 당시 선교장은 미군의 폭격을 받아 다섯 발의 포탄이 선교장에 떨어졌다. 그 가운데 하나가 평대문 동쪽 행랑채에 떨어졌다. 동별당으로 번진 불은 진화되었으나, 선교장의 살림창고였던 동쪽 행랑채는 완전히 불탔다. 이때 선교장이 가지고 있던 반상기飯床器가 모두 불탔다. 반상기는 격식을 갖춘 밥상을 차릴 수 있게 만든 한 벌의 그릇을 말하는데, 쟁첩의 수에 따라 삼첩, 칠첩, 구첩 반상 등으로 나눈다. 선교장 음식문화의 상징이라고 할 수 있는 삼백여 개에 이르는 반상기가 모두 파괴된 것이다.

동별당東別堂.
선교장의 책을 보관하는 장소로, 육이오 때 건물은 다행히 화재를 피하였으나 보관된 책들은 약탈당하였다.

그리고 선교장 소장 『대한매일신보大韓每日申報』가 불탔다. 이는 위기일로의 국난을 타개하고 배일사상을 고취시켜 국가 보존의 대명제를 실현하고자 창간된 신문이다. 고종의 은밀한 보조를 비롯, 민족진영 애국지사들의 적극적인 지원을 받아 만들어진 이 신문을 이근우는 첫 호부터 빠짐없이 모아 두었다. 선교장 애국정신의 상징이라고 할 수 있는 『대한매일신보』는 한국전쟁이라는 위기를 넘기지 못했다.

북한군들은 선교장의 책을 약탈하였다. 그들은 선교장의 책들을 우마

차로 실어 갔다. 종이가 귀했던 당시에 북한군은 주먹밥을 싸거나 단순히 종이로 사용하기 위해 선교장의 책을 무차별 약탈했다. 이처럼 전쟁의 참화는 남북군을 가릴 것 없이 선교장의 인문정신을 짓밟았다.

8. 열린 선교장으로 거듭나기 위하여

서울에 거주하고 있던 종부宗婦 성기희는 1974년 강릉으로 내려와 관동대학교 가정과 교수로 재직하면서 1980년 남편 이기재와 사별 후 선교장을 홀로 지켰다. 시어머니 우봉이씨가 돌아가시고 비어 있는 선교장을 지키는 것은 성기희의 몫이었다. 선교장으로 내려와 홀로 살림을 꾸리면서도 종부로서 봉제사奉祭祀, 접빈객接賓客에 한치의 소홀함이 없었다. 조상을 지극정성으로 제사지내는 봉제사와 손님을 진심으로 접대하는 접빈객은 양반 가문의 가장 기본적인 것이면서도 가장 힘든 일이었다.

한편 성기희는 선교장의 음식문화를 복원하고 발전시키는 데 노력하였다. 시어머니 우봉이씨로부터 선교장 내림 손맛을 익힌 경험을 바탕으로 선교장 음식문화를 연구하고 체계화하였다. 그리고 나아가 이를 학생들과 일반인들에게 전수하였다. 예림회를 만들어 일반인들에게 전통음식과 차문화를 전수하였고, 자미재滋味齋를 지어서 이론뿐만 아니라 실습을 통해서 전통음식을 가르쳤다. 또한 활래정에서 그에 걸맞은 우리나라의 전통 차문화를 시연하였다. 특히 활래정 연못에 핀 연꽃을 재료로 한 연잎차는 독특한 것이었다.

이기재는 성기희와의 사이에 강륭康隆, 강백康白, 강보康輔 등 삼남이녀를 두었다. 장남 이강륭은 비록 서울에 있었지만 종손으로서 선교장의 정신을 복원하기 위해 노력했다. 근대화 과정에서 가치관의 혼란과 대가족의 해체 등으로 우리나라의 전통 가문들은 위기를 맞이하였다. 선교장도 예외는 아니었다.

이강륭은 조부인 이돈의를 아주 가까이에서 오랫동안 모시면서 종손으로서의 교육을 잘 받았다. 이후 거주지를 서울로 옮겼지만 끊임없이 가족사에 대한 고민을 했다. 그는 우선 조상의 묘역 정비를 통해 가족주의를 복원하고자 했다. 선교장 사람들을 모을 수 있는 구심점은 조상이라는 판단에서 선조들의 산소를 한곳에 모아 가족묘원을 만들었다. 먼저 충북 음성군 금왕면 본대리의 완풍군完豐君 산소 앞에 선조묘역을 조성하고, 충주에 있던 선조의 산소를 이곳으로 이장하였다. 일찍이 충주에 살던 완풍군의 후손들이 절손되면서, 선교장은 완풍군 후손의 종가로서 충주 지역 모든 선조의 산소를 관리해 왔다. 이강륭은 전주이씨 효령대군과 육세 완풍군 이경두李景岅, 칠세 완계군完溪君 이성李憕, 팔세 이광호李光灝, 구세 이집李集, 십세 이주화李胄華 등 오 세에 걸쳐 전국에 흩어져 있던 산소를 한곳에 모음으로써 완풍군 후손들을 하나로 모을 수 있는 토대를 마련하였다.

한편, 선교장 가족묘원은 강릉시 운정동 서지골에, 십세 안동권씨와 십일세 이내번의 산소가 있던 곳을 확장하여 조성했다. 원래 있던 안동권씨와 이내번의 산소 앞에 계단식 묘원을 조성하고 이내번의 부인 원주원씨原州元氏와 십이세 이시춘, 십삼세 이후, 이승조, 이항조, 십사세 이용구, 이의범, 십오세 이회숙, 이회원, 십육세 이근우, 십칠세 이돈의, 이경의, 이현의, 십팔세 이기재에 이르기까지, 강릉 주변에 흩어져 있던 선조들의 산소를 이장하여 가족묘원을 조성하였다. 특히 십삼세 이승조, 이항조의 산소를 선교장 묘원으로 이장함으로써, 다소 소원했던 두 분의 후손들이 다시 선교장이라는 이름으로 함께할 수 있었다.

한편 이강륭은 집안의 제사방식을 개혁했다. 우선 사당 오재당午在堂에 육세 완풍군 이경두부터 십팔세 이기재에 이르는 모든 위패를 모셨다. 그리고 추모의 날을 제정하여 제사를 지내도록 하였다. 제사방식의 개혁은 이미 이근우에 의해 이루어졌다. 그는 조상에 대한 기제사와 명절제사를 통합하여 신년 차례, 춘분, 추분, 묘제 등 일 년에 네 차례만 제사를 지내도록 하였다. 이강륭은 이같은 전통을 현대에 맞게 조정하여 4월 첫째 일요일에 선교장 사당에서 시제時祭를 지내고, 10월 첫째 일요일에는 서지골 가족묘원에서 묘제墓祭를, 11월 첫째 일요일에는 충주 선조묘역에서 묘제를 지내도록 하였다. 특히 10월 묘제 때에는 하루 전날에 경향각지에서 모인 가족들과 잔치를 열어, 조상을 모시는 제사를 가족 화목을 다지는 장이 되도록 했다.

한편 이현의의 장남 이기서와 차남 이기웅은 선교장 가족의 역사를 책으로 출판함으로써 선교장의 정신을 되새기고자 하였다. 선교장은 대를 이어 문집과 저서를 남기는 전통을 가지고 있었다. 이를 통해 가족사를 정리하여 가족 사랑의 출발점으로 삼았다. 집안의 역사를 아는 것이 가족의 일원으로서 나아갈 방향을 아는 것이라는 인식에서 비롯된 것이다. 1980년 이기서는 선교장의 역사를 정리하여 이기웅이 운영하는 출판사

활래정의 여름 풍경.
선교장 풍류문화의 상징인 활래정에는 항상 새로움을 추구하고 외부와의 소통을 이루는 진보주의 정신이 깃들어 있다.

열화당에서 『강릉 선교장』을 출판하였다. 그리고 1995년 이기웅은 아버지 이현의가 가족사진을 모아 엮은 『선교장가족 사진집』을 출판하였다.

현재 선교장의 관리와 경영은 종손 이기재의 차남인 이강백에 의해 이루어지고 있다. 이강백은 1991년 어머니 성기희의 병환을 계기로 장남 이강륭을 대신하여 서울 생활을 접고 선교장으로 내려왔다. 그리고 어머니와 함께 빈터로 남아 있던 옛집들을 복원하기 시작했다. 선교장은 우리나라 민간 고택 가운데 최초의 국가지정 문화재로, 현재 중요민속문화재 제5호로 지정되어 있다. 우리나라에서 가장 규모가 크고 아름다운 전통건축으로 이백오십 년을 유지해 온 대표적인 민간주택이기 때문이다. 이강백은 중앙정부와 지방정부의 지원을 적극적으로 활용하여 중사랑과 서별당, 외별당, 창고와 곳간채 등을 복원하였다.

현재 선교장은 일반인들에게 열린 공간으로 전환되어 우리나라 한옥의 아름다움과 선인先人들의 삶을 느낄 수 있는 역사공간의 역할을 하고 있다. 고택古宅 체험, 다양한 음악회와 문화행사 개최, 열화당 안에 조성한 '작은 도서관' 등 문화공간으로 거듭나고 있다. 이제 선교장은 집안 사람들만의 선교장이 아니라 우리 모두의 선교장으로 바뀌어 가고 있다.

선교장, 그 대장원大莊園의 건축과 아름다움

동별당 앞 협문을 통해
사랑채 쪽을 바라본 풍경.

1. 천지인天地人 합일의 명당明堂

선교장은 강릉 북촌에 있다. 강릉지방의 사대부들은 남촌과 북촌에 살았다. 강릉읍성을 중심으로, 남촌은 학산鶴山을 중심으로 하는 구정면邱井面 일대이며, 북촌은 경포호에서 주문진에 이르는 북평北坪 일대이다. 이 가운데 북촌에는 이이李珥가 탄생한 오죽헌烏竹軒을 비롯하여 허균許筠과 허난설헌許蘭雪軒의 생가가 있고, 심언광沈彦光이 짓고 송시열宋時烈이 머물렀던 해운정海雲亭이 있다. 또한, 경포대鏡浦臺를 비롯한 많은 정자로 둘러싸인 경포호鏡浦湖가 이곳에 위치한다.

강릉 최고의 명당

선교장은 강릉 팔명당八明堂 가운데 으뜸으로 꼽힌다.[11] 북에서 남으로 달리던 백두대간白頭大幹이 대관령大關嶺에서 한줄기를 동해 쪽으로 뻗어 내려 태장봉胎藏峰과 시루봉甑峰을 만들었다. 이 가운데 시루봉에서 갈라져 동해로 달려가는 줄기가 동쪽으로 가면서 좌청룡左靑龍과 우백호右白虎가 U자 모양으로 감싸고 있는 집터를 여러 개 만들었다.

  선교장은 이 여러 개의 집터 가운데 한 곳에 자리하고 있다. 시루봉에서 뻗어 내린 산줄기가 남쪽을 향해서 두 갈래로 갈라지면서 좌청룡과 우백호가 어머니의 품안처럼 감싸 안은 집터를 만들었다. 좌청룡은 약동 굴신하는 생룡生龍의 형상으로 재화가 증식될 만하고, 우백호는 약진하는 백호의 형상으로 자손의 번식을 가져올 만하다. 특히 선교장의 주변 산세는 그리 높지 않아 위압감을 주지 않으며, 주변에 살기가 있는 날카롭게 솟은 암산岩山도 보이지 않아 단정하고 원만하다.

백호상白虎像.
선교장의 훼손된 우백호 산자락을 보완하기 위해 비보로 호랑이상을 설치하였다. 돌로 만든 백호상은 선교장을 바라보고 앉아 있다.

선교장 전경.(pp. 72-73)
선교장은 전국에서 가장 규모가 큰 개인 살림집으로, 하나의 장원을 형성하고 있다.

　선교장은 용이 물을 만나 가던 길을 멈춘 듯한 곳에 자리하고 있다. 선교장 앞에는 서쪽에서 내려와 동쪽으로 흘러가는 시내가 있다. 그리고 건너편에 경포 호수가 있었다. 움직임이 없는 산의 음기陰氣와 끊임없이 흐르는 물의 양기陽氣가 만나는 곳이 바로 선교장이다. 지금은 경포호수가 없어지고 대신 활래정活來亭 연못이 물의 역할을 하고 있다. 집터 바로 앞에 팔방수八方水가 모여드는 연못이 있어야 제대로 된 명당이다. 오은거사鰲隱居士 이후李垕는 들판으로 변해 버린 경포호수를 대신하여 인공 연못을 파고 활래정을 지은 것이다.

비보裨補를 통한 보완

선교장의 좌향坐向은 남서향이며,[12] 수구水口는 정남향이다. 집터에서 물이 흘러 밖으로 나가는 수구는 좌청룡과 우백호의 끝자락 사이에 있다. 그런데 선교장은 전망이 탁 트인 정남향이 아닌 남서향으로 집의 방향을 잡았다. 즉 사랑채인 열화당悅話堂 마루에 앉아서 앞을 바라보면 우백호 산줄기의 끝자락이 전망을 약간 가리고 있는 형국이다. 이는 선교장의 수구가 지나치게 넓게 벌어져 있기 때문이다. 풍수에서 수구가 넓게 벌어져 있으면 기氣가 빠져나가서 재물이 모이지 않기 때문에 수구는 닫혀 있어야 한다고 인식하였다.

선교장은 비보裨補를 통해 집터의 결함을 보완하였다. 비보란, 기가 허한 곳은 보하고 드센 곳은 눌러 주는 것이다. 선교장은 수구가 넓게 벌어져 있기 때문에 집터의 방향을 남서쪽으로 틂으로써, 수구를 닫힌 형국으로 만든 것이다. 그리고 수구가 지나치게 열려 있는 것을 보완하기 위해 스물세 칸의 긴 행랑채를 지어 열려 있는 수구를 막고자 하였다.

한편 우백호 산자락 끝에 화강암으로 만든 백호상白虎像이 선교장을 바라보며 앉아 있다. 이곳에 호랑이상을 설치하게 된 것은, 민속자료전시관을 신축하면서 우백호의 산자락을 훼손하였기 때문이다. 선교장의 종부 성기희成耆姬가 훼손된 우백호를 보완하기 위해 비보로 호랑이상을 설치

행랑채와 우물.
선교장은 풍수지리적으로 열린 수구를 보완하기 위해 스물세 칸의 행랑채를 지었다. 그리고 기가 빠져 나가는 것을 막기 위해 집 앞에 우물을 팠다.

한 것이다. 그리고 선교장의 후문에 해당하는 서지골로 넘어가는 길목에 작은 무덤처럼 흙을 쌓아 두었다. 이것은 선교장 집터가 여성을 닮아 집안 여인들의 기가 지나치게 세다고 판단하여, 이를 억누르기 위한 것이다.

활래정 난간에 앉아 있는 원앙. 선교장은 천기天氣, 지기地氣, 인기人氣의 합일을 통해 최고의 명당이 되었다.

사람과 땅의 인연

사람과 땅은 인연이 맞아야 그 기운을 받을 수 있다. 사람 속에 있는 기氣와 하늘과 땅의 기가 통해야 명당이 제 역할을 할 수 있다. 선교장 터에는 이내번李乃蕃이 선교장을 짓고 살기 이전에 이미 다른 사람들이 살았다. 강릉박씨江陵朴氏가 살았고, 후에 배다리골의 창녕조씨昌寧曺氏가 살았다.[13] 그런데 당시에는 집터와 사람의 기가 서로 통하지 않았다. 이내번이 들어와 집을 지으면서 천지인天地人의 기가 비로소 합일한 것이다. 하늘이 족제비를 보내 선교장 집터와 기가 통하는 사람의 인연을 맺어 주었음은 앞에서 소개한 바와 같다.

2. 확장과 변형을 거듭해 온 선교장 건축의 특성

강릉에는 오랜 옛날부터 사람이 살았고, 사람들의 모습만큼이나 다양한 형태의 집들이 지어졌다. 그 가운데 으뜸은 선교장이다.

'선교장船橋莊'이라는 집 이름은 경포 호수가 지금보다 훨씬 넓었을 때 이 집 앞에까지 배를 타고 건너다닌 데서 유래한다. 지금 경포호의 둘레는 사 킬로미터에 불과하지만 선교장이 지어질 당시 경포호는 둘레가 지금의 세 배에 달하는 십이 킬로미터였다. 그때 선교장 활래정 바로 앞까지 물이 차서 나루터가 있었고, 나루터에서 다리를 건너 선교장에 닿을 수 있었다. 이처럼 이 집으로 드나들 때 배를 타고 건너다닌다고 하여 '선교장' 혹은 '배다리집'이라고 불렀다.

가장 규모가 큰 살림집

선교장은 전국에서 가장 규모가 큰 개인 살림집으로, 전형적인 양반 상류 주택이면서도 일반 사대부의 집들과는 다른 특징을 가지고 있다. 현재 남

선교장 전경.
가족을 위한 사적 공간과 외부 손님을 위한 공적 공간은 줄행랑으로 연결되어 있다.

아 있는 본채의 규모는 건물 아홉 동에 총 백스물다섯 칸이며, 건평은 삼 백열여덟 평에 이른다. 배다리골에 있었던 부속건물과 가랍집 초가까지 포함하면 대략 삼백 칸에 이르는 대장원이었다.

이처럼 선교장의 규모가 큰 것은 당시 주인이 '만석꾼'이라는 소리를 들을 정도의 대지주였기 때문이다. 선교장은 영동지방을 중심으로 하는 강원도 일대의 땅 상당 부분을 소유하고 있었다. 일 년 수확물도 강릉 본가와 북촌北村(주문진 일대), 남촌南村(묵호 일대) 등 세 곳에 나누어 저장할 정도였다. 대지주로서의 이 집의 명성은 전국에 퍼져 있었다. 전라도 지방에서 가을날 들판에 날아든 새를 쫓으면서 "휘이! 강릉 이통천댁에 가서 먹어라"라고 할 정도였다. 이통천댁李通川宅은 선교장의 별칭으로, 이후李垕의 둘째 아들 이의범李宜凡이 통천군수를 지내면서 사재를 털어 백

뒷산에서 내려다본 선교장 전경. 선교장은 정치, 사회, 문화적으로 높은 지위에 있으면서 이에 걸맞은 건축적 공간을 가진 장원이었다.

성을 구휼하는 선정을 베푼 데에서 유래한다.

장원을 형성한 대저택

선교장은 주택이 아닌 장원莊園이다. 집 이름에 '장莊'을 붙인 것은 '장원'이라는 의미이다. 조선시대 상류주택의 택호에는 '당堂' '헌軒' '각閣' 등을 붙이는 것이 일반적이다. 그런데 유독 선교장에만 '장'이 붙은 것은 그 규모가 일반 상류주택과는 달랐기 때문이다. 또 장원은 경제적으로 대규모의 토지를 소유하고 있어야 하고, 주인이 정치, 사회, 문화적으로 높은 지위에 있으면서, 이에 걸맞은 건축적 공간을 소유하고 있을 때 장원이라고 부를 수 있다.

선교장은 경제적으로 만석꾼이라는 이름에 걸맞은 많은 토지와 재산

을 소유하고 있었다. 사회적으로는 사대부이면서 지역별로 설치된 곡물 창고와 수백 명에 달하는 소작인 조직을 거느리고 있었다. 문화적으로도 당시 최고의 예술가들과 풍류를 즐기면서 이들이 남긴 시詩·서書·화畵를 소장하였다.

 선교장은 가족을 위한 살림공간은 물론, 전국 방방곡곡에서 찾아오는 손님과 친족을 위한 접객공간, 집안일을 돌보는 하인들이 거주하는 초가 등 대저택을 형성하고 있었다. 따라서 안채와 사랑채, 가묘, 행랑채뿐만 아니라 동구 밖의 정자, 주변의 초가, 경포 호숫가의 방해정放海亭까지를 포함하는 장원의 이름을 얻게 되었다.

사적 공간과 공적 공간

선교장에는 가족을 위한 사적私的 공간뿐만 아니라 손님을 위한 공적公的 공간이 공존한다. 동쪽의 안채 및 동별당東別堂, 서별당西別堂, 외별당外別堂

선교장 설경.
선교장은 경제적으로 만석꾼이라는 이름에 걸맞은 토지와 재산을 소유하고 있었다.

등이 가족을 위한 공간이라면, 열화당悅話堂, 활래정活來亭, 방해정 등은 전국에서 모여드는 손님과 식객을 접대하기 위한 공간이었다.

사적 공간은 안채와 동별당을 포함하는 안채 영역과 서별당 영역, 외별당으로 구분된다. 안채는 집안의 여성을 위한 공간이다. 그리고 동별당은 일반 상류주택의 사랑채에 해당하는 곳으로, 집주인이 기거하는 사적인 곳인 동시에, 집안의 친족들이 모여서 집안일을 상의하던 공간이었다.

서별당 영역은 가족을 위한 또 다른 공간으로, 서별당과 연지당蓮池堂으로 구성되어 있다. 서별당은 집안의 아이들을 교육하는 서재 역할을 하였고, 연지당은 주로 여자 하인들이 기거하면서 외부 손님들의 동태를 살피고, 서별당에 있는 아이들을 돌보는 일을 하였다. 한편, 외별당은 분가하기 전의 자손들이 살던 곳이었다.

공적 공간은 열화당 영역, 활래정 영역, 방해정 영역으로 구분된다. 열화당은 선교장 주인이 머무는 사랑채인 동시에 최고위층 손님을 접대하던 공간이다. 그 아래 중간 손님은 중사랑채에서 장남이 접대했으며, 하급 손님은 행랑채에서 장손이 담당하였다. 반면, 활래정은 주인과 친분이 두터운 손님들을 맞는 장소로, 이용할 수 있는 사람의 자격도 엄격했고 그 수도 제한되어 있었다. 그리고, 경포 호수 옆에 마련된 방해정은 장기 체류하는 귀한 손님들과 가족들이 사용하는 일종의 별장이었다.

이들 사적 공간과 공적 공간은 줄행랑으로 연결되는데, 스물세 칸의 一자형으로 된 이 줄행랑에는 두 개의 대문이 있다. 이 중 동쪽의 평대문은 여성 및 가족들이 안채와 동별당으로 들어가는 문이고, 서쪽 솟을대문은 남성 및 손님들이 열화당 영역으로 들어가는 문이다.

주인을 닮아 자유로운 집

한국 주택의 배치와 구성은 크게 집중형集中形과 분산형分散形으로 분류할 수 있다. 선교장은 분산형 주택으로 통일감과 짜임새는 조금 결여되어 있으나, 다른 상류주택에서 볼 수 없는 인간미 넘치는 활달한 공간구조를 가지고 있어, 안동지방의 집중형 주택과는 또 다른 묘미가 있다.

일반적으로 상류주택은 평면구조에 따라 日자형, 月자형, 口자형, 用자형 등의 길상문자형吉祥文字形의 공간구조를 가지고 있다. 그러나 선교장은 이같은 유교적 규범이나 허세가 전혀 보이지 않고, 전체적으로 일정한 법식에 구애되지 않으면서 자유로우면서도 유기적으로 연결되어 있다. 이는 선교장이 한순간에 주택 전체를 일괄적으로 지은 것이 아니라

연못 앞에서 바라본 활래정과 선교장 본채. 선교장은 외부 손님을 위한 공적인 공간과 가족을 위한 사적인 공간으로 구분된다.

오랜 세월에 걸쳐 점진적으로 확장해 왔기 때문이다.

이내번李乃蕃은 배다리골에 전형적인 강릉형 주택인 ㅁ자형으로 선교장을 창건했을 것으로 추정되는데, 그 당시의 규모나 건물의 배치는 정확하게 알 수 없다. 다만 안채와 사랑채, 아래채 등이 하나의 구조물로 연결되어 폐쇄된 안마당을 갖는 ㅁ자형의 상류주택이었을 것으로 추측된다.

처사공處士公 이후李垕는 초야에 묻혀 학문과 풍류를 즐기는 은일지사隱逸之士로 살았다. 선교장 뒷산 송림 속에 팔각정을 짓고, 배다리골 입구에 둑을 쌓아 물을 가두고 연못을 만들어 연꽃을 심고 활래정을 건립하였다. 그리고, 대가족을 부양하기 위해 안채의 아래채를 증축하여 아우 승조昇朝의 가족을 거처하게 하고, 사랑채인 열화당을 지었다.

이후의 장남 이용구李龍九는 벼슬에 제수되었으나 벼슬길로 나아가지 않고 선교장을 경영하였다. 대가족과 자녀들의 교육을 위해 서별당과 연지당을 완성하고 서재와 서고를 지었다. 안채 앞에는 동생 이의범李宜凡의 가족을 위해 외별당을 짓고, 선교장이 하나의 주거공간으로서 기능과 형태를 갖출 수 있도록 줄행랑을 지었다.

동별당東別堂.
동별당에는 여초如初 김응현金膺顯이 쓴 '오은고택'이라는 편액이 걸려 있다.

그의 손자 이근우李根宇는 선교장의 영역을 배다리골 전체로 확장하여 장원을 형성하였다. 가족을 가장 중요시하는 선교장의 전통에 따라 안채의 일부를 헐어내고 선교장 주인의 상징적 거처인 동별당을 지었으며, 창덕궁昌德宮 후원의 부용정芙蓉亭을 본떠서 활래정을 현재와 같은 위치와 형태로 중건하였다. 그리고 대문 앞에 자신의 소실을 위한 소실댁을 당당하게 지었으며, 배다리골 안에 초가를 지어 선교장을 유지하는 데 필요한 노비들이 거주하도록 하였다. 아울러 경포호 옆에 별장인 방해정을 새로이 중건하여, 이로써 선교장의 영역은 배다리골에 머물지 않고 경포호와 주변 솔밭으로 확장되었다.

이처럼 선교장은 오랜 세월을 거치면서 확장과 변형을 거듭해 왔다. 지어진 시기와 규모, 형태, 기능이 다른 건물들이, 선교장이라는 이름으로 하나의 집합체를 이루었다. 그러나 선교장의 각 건축물들은 질서가 분명하고, 상호간에 기막힌 조화를 이루고 있다. 선교장만의 정신인 '가족의 화목'이라는 공통의 가치가 일관되게 존재하고 있었기 때문이다.

폐쇄성과 개방성의 공존

선교장은 추운 북쪽 지방의 폐쇄성과 따뜻한 남쪽 지방의 개방성이 공존하고 있다. 우리나라는 남북으로 길게 뻗어 있는 반도국가이기 때문에 지역적인 특성이 분명하다. 겨울이 춥고 눈이 많이 오는 북쪽 지방은 폐쇄적인 온돌방이 발달하였으며, 여름이 덥고 습한 남쪽 지방은 개방적인 대청이 발달하였다.

선교장은 북방 주택의 특징인 양통집 田자형 구조와 남방 주택의 특징인 대청을 동시에 가지고 있다. 선교장은 남방 주택과 북방 주택의 경계선에 있으면서, 안채를 비롯한 열화당 등의 온돌방이 양통집 구조인 田자형으로 되어 있다. 아울러 안채 및 열화당, 동별당, 서별당 등 거의 모든 건물에 대청이 있다.

또한, 선교장에는 다양한 지방의 주택 유형이 혼용되어 있는데, 북쪽

열화당悅話堂.
처사공處士公 이후李厚는 가족들을 위해 사랑채인 열화당을 지었다. 이후 열화당은 큰사랑의 역할을 하였다.

멀리서 바라본
활래정活來亭 설경.
선교장은 배다리골을 중심으로
하는 장원으로서, 확장과
변형을 거듭하였다.

지방 양식인 양통집의 이중 온돌을 사용하고 있으며, 서울을 중심으로 한 중부지방의 한옥 양식인 ㄱ자형 안뜰, 그리고 강원도지방 특유의 담과 담지붕 등이 섞여 있다. 그리고 선교장 사랑채의 높은 마루와 넓은 마당은 매우 시원한 느낌을 주며, 안채의 낮은 마루와 좁은 마당은 아늑한 분위기를 연출한다.

신분별 주거형태의 집합체

선교장은 조선시대 각 신분별 생활상을 극명하게 보여 준다. 조선시대 신분은 양반, 중인, 평민, 천민으로 구분되며, 주택은 이와 같은 신분에 따라 규모와 장식에 제한을 받았다.

선교장에는 상류계급인 선교장 주인의 양반주택과 함께 솔거노비率居奴婢들의 서민주택인 초가들이 공존하고 있었다. 본채인 선교장으로 들어서기 전, 행랑채 바깥에 몇 채의 초가들이 남아 있다. 이들 초가는 선교장의 솔거노비들이 거주하던 집이다. 이들 초가는 멋을 살려 만든 호화로운 활래정과 백 칸이 넘는 대규모의 본채와 비교할 때 초라하기 이를 데 없다. 이로써 우리는 선교장에서 조선시대 각 신분별 생활상의 극명한 대조를 보게 된다.

3. 대장원의 공간구성

선교장은 우리나라 유일의 장원으로 배다리골 안에는 본채를 비롯하여 부속건물과 이십오 호 정도의 초가들로 가득 차 있었다. 이곳에 살았던 대부분의 사람들은 선교장 주인의 친척들과 솔거노비들이었다. 선교장의 공간은 살았던 사람들의 지위, 신분, 성별, 존재양태, 역할 등에 따라서 다양하게 구분된다.

첫째, 선교장의 공간구성은 산 자의 공간과 죽은 자의 공간으로 구분된다. 선교장은 사당(祠堂)을 지어 조상의 위패를 모시고 제사지냈는데, 사당은 돌아가신 조상이 계시는 곳으로 집안에서 가장 신성하고 높은 곳에 자리하였으며, 집안의 상징이자 가족 구성원이 한마음으로 모이는 구심점이었다.

둘째, 양반의 공간과 노비의 공간으로 구분된다. 배다리골에는 양반

선교장 전경.
선교장은 사람들의 지위,
신분, 성별, 존재양태, 역할 등에
따라서 다양한 공간으로
구성되어 있다.

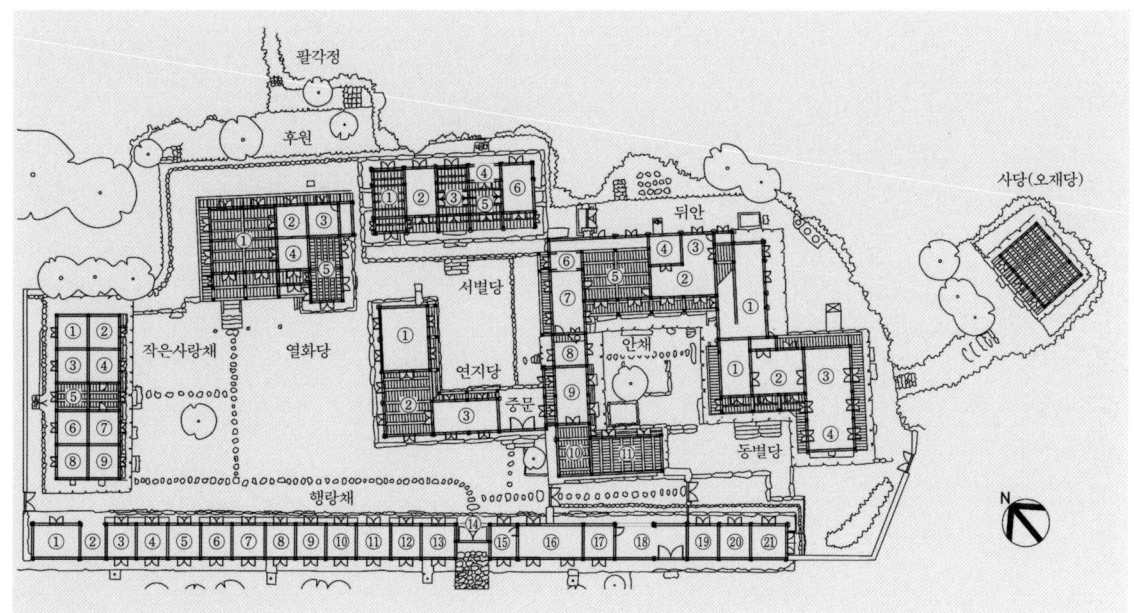

선교장 본채 배치도. 도면 김봉렬.

열화당 ①큰대청. ②-④방.
⑤작은대청.

작은사랑채 ①-④방. ⑤대청.
⑥-⑨방.

서별당 ①서고. ②남자아이 방.
③대청. ④반침. ⑤마루방.
⑥여자아이 방.

연지당 ①침방. ②대청.
③찬방.

안채 ①부엌. ②안방. ③골방.
④반침. ⑤대청. ⑥고방.
⑦건넌방. ⑧부엌. ⑨아랫방.
⑩창고. ⑪찬방.

동별당 ①방. ②대청. ③-④방.

행랑채 ①매방. ②부엌.
③-④광. ⑤부엌. ⑥도배장이 방.
⑦한의사 방. ⑧가정교사 방.
⑨-⑩손님방. ⑪부엌.
⑫미장이 방. ⑬대목 방.
⑭솟을대문. ⑮방. ⑯청지기 방.
⑰방. ⑱평대문. ⑲-㉑광.

신분의 선교장 주인과 친척들이 노비 신분인 솔거노비들과 함께 살았다. 주인은 본채에 살았으며, 친척들은 선교장 부속건물에 살았다. 또 솔거노비들은 가랍집이라고 하는 초가집에서 살았다.

셋째, 남자의 공간과 여자의 공간으로 구분된다. 조선시대에는 남녀유별의 사상에 따라 남자의 공간과 여자의 공간이 구분되었다. 남자들은 솟을대문으로 출입한 반면, 여자들은 평대문으로 출입하였다. 남자들의 공간은 사랑채이며, 여자들의 공간은 안채이다. 이 두 공간은 담으로 분리하였으며, 특히 여자의 공간인 안채는 내외벽을 통해서 외부와도 차단하였다.

넷째, 가족을 위한 공간과 외부 손님을 위한 공간으로 구분된다. 선교장은 관동팔경의 중심지이면서 금강산으로 가는 길목에 자리하고 있어서 전국에서 명망있는 인물들의 출입이 많았다. 손님을 진심으로 접대하는 접빈객接賓客은 양반 가문의 가장 기본적인 것이었다. 선교장은 가족을

안채와 동별당.
동별당과 안채는 ㅁ자로 이어져 있다. 안채는 선교장에서 가장 오래된 건물이고, 동별당은 집주인이 기거하는 핵심 공간이다.

위한 사적인 공간 외에 별도로 외부 손님을 위한 공적인 공간을 마련하였다. 동쪽의 안채 및 동별당과 서별당이 가족을 위한 공간이라면, 열화당, 활래정, 방해정 등은 전국에서 모여드는 손님과 식객을 접대하기 위한 접객공간이었다.

안채와 동별당

안채는 여성의 공간이다. 행랑채 동쪽에 있는 평대문을 들어서면 안채와

동별당을 만난다. 안채 영역은 ㅁ자형의 안마당을 중심으로 북쪽에 안채, 동쪽에 동별당, 서쪽에 아래채, 남쪽에 찬간으로 구성되어 있다. 이들 건물들은 독립적이면서 하나의 구조물로 연결되어 있으며, 안채 영역은 남성의 출입이 제한되어 있는 여성만의 독립된 공간이다.

안채는 안살림의 최고 책임자인 안주인이 머무는 곳이다. 선교장의 안주인은 대체로 삼대가 함께 살았다. 시할머니는 안채의 안방, 시어머니는 안채 건넌방에, 그리고 며느리는 동별당의 건넌방에 살았다. 시할머니는, 집안 관리를 비록 며느리에게 물려주었다고 하더라도 돌아가실 때까지 안방을 지켰다. 시어머니는 가사의 총책임자로, 건넌방에서 안살림의 모든 활동을 감독하였다. 며느리는 안채와 가장 가까운 동별당 건넌방에서 시할머니와 시어머니의 모습을 보면서 집안의 가풍과 살림을 익혔다.[14)]

안채는 선교장에서 가장 오래된 건물로, 일대一代 선교장주 이내번이 배다리골에 처음으로 선교장을 창건할 당시에 지은 건물이다.

안채 건물은 전체적으로 ㄷ자형으로 연결되어 있다. 본채를 기준으로 서쪽에 아래채가 있으며, 맞은편에 찬간이 있다. 본채는 대청을 기준으로 양쪽에 안방과 건넌방이 있고, 안방 옆에 부엌이 있다. 안채에는 방과 마루, 수납공간인 고방과 다락이 곳곳에 마련되어 있다. 각 방마다 설치된 반침은 효율적으로 활용되었으며, 적절하게 설치된 창호와 툇마루는 각 공간의 연결과 통제를 원활하게 해준다.

안방은 양통집의 구조를 하고 있으며, 田자형으로 배열된 네 칸의 방이 있다. 앞의 두 칸은 하나의 방으로 연결되어 있으며, 뒤쪽의 두 칸은 온돌방과 마루방(고방)으로 되어 있다. 고방에는 각종 귀중품을 보관함과 동시에 성주단지가 모셔졌었다.

대청은 방으로 출입하는 전실前室의 역할을 하며, 잔치나 제사와 같은 집안의 큰일이 있을 때 행사의 중심공간이 되었다. 뿐만 아니라 대청은

안채의 안방(왼쪽)과 건넌방(오른쪽) 내부. 안채에는 주로 삼대가 기거했는데, 안방에는 시할머니가, 건넌방에는 시어머니가 살았다.

안채 전경.
안채는 여성의 공간으로, 대청을 중심으로 오른쪽에는 안방과 큰 부엌이, 왼쪽에는 건넌방과 작은 부엌이 연결되어 있다.

안방과 건넌방 사이에 있어서 두 공간의 사생활을 지켜 주는 역할도 하였다.

건넌방은 모든 가사의 총책임자인 시어머니가 거처하는 곳이다. 시어머니는 건넌방에서 안살림의 모든 활동을 감독하였다. 앞문을 통해 안채 주방에서 이루어지는 가사와 뜰 아래 찬간에서 이루어지는 일을 통솔하였다. 그리고 서별당 쪽으로 나 있는 건넌방 뒷문을 통해 서별당과 연지당에서 이루어지는 집안일도 함께 감독하였다.

부엌은 안방과 건넌방에 각각 붙어 있다. 안방에 붙어 있는 부엌이 요리를 하는 주된 공간이고, 건넌방 쪽은 물을 끓이거나 보조적인 조리 일을 하는 공간으로 이용되었다. 안방 부엌에는 대가족을 거느렸음을 증명하듯 가마솥이 걸려 있다.

아래채는 안채 남쪽으로 연결되어 있는데, 이는 처사공處士公 이후李垕가 아우 이승조李昇朝의 가족을 위해 증축한 것이다. 이후는 두 동생 승조

동별당에서 바라본 풍경.
동별당은 선교장에서 가장 높고 웅장한 건물로, 주인이 손님을 피해 편히 쉴 수 있는 공간이다.

와 항조恒朝가 어린 조카를 남겨둔 채 일찍 별세하자 그들 가족을 부양하기 위해 아래채를 증축하여 승조의 가족을 거처하게 하고, 항조의 유족은 열화당을 지어 한 방에서 거처하도록 하였다.15)

한편, 안채의 중심에는 ㅁ자형 마당이 있다. 우리나라 전통주택에서 ㅁ자형 안채는 자연스럽게 바깥세계와 단절시킴으로써, 외부인으로부터 여성들을 보호하는 폐쇄적인 공간이었다. 그러나 선교장의 안채는 폐쇄된 공간이 아니었다. 안채에서 내려다보면 멀리 선교장 앞이 보이고, 가까이는 안대문 내외벽 위로 오가는 사람들의 동정을 살필 수 있었다.

특히 바깥주인이 벼슬살이 등으로 서울에 가 있을 때는 안주인이 혼자서 선교장의 업무를 처리하기도 했다. 동학혁명東學革命 당시 선교장 안주인의 대응은 안채를 지키는 안주인의 역할 이상의 것이었다. 동학혁명군이 강원도 최대 지주인 선교장으로 몰려왔을 당시 이회숙李會淑의 부인 기계유씨杞溪兪氏는 부재중인 남편을 대신하여 혁명군 책임자와 담판을 하였다. "내 스스로 선교장에 있는 모든 곳간 열쇠를 내줄테니 선교장 주변에

살고 있는 사람에게 절대로 해를 끼치지 말라"고 제안하여 혁명군 책임자의 승낙을 받아낸 것이다.16)

기계유씨는 또 그의 역할에 맞게 안마당 남쪽에 있는 찬방을 헐어서 안채공간을 확장하였다. 찬간은 안채 안마당 앞쪽을 막아 주는 역할을 하였는데, 안주인 기계유씨는 답답하다며 찬간을 헐도록 하였다. 대신 가림담을 낮게 만들고 앞에 장독대를 두었다.17) 찬간은 밥과 국을 제외한 반찬과 음식을 준비하는 곳으로, 최근 안채를 수리하면서 다시 복원되었다.

동별당은 1920년대 육대 선교장주 이근우李根宇가 ㅁ자형 안채의 동남쪽 모서리를 헐고 새로 지은 것인데, 안채와 연결된 별당으로 선교장에서 가장 높고 웅장하다. 안채와 같은 높이로 석축을 쌓고 그 위에 ㄱ자형으로 세운 건물로, 가운데 대청을 두고 좌우에 온돌방을 배치하였다. 대청마루에는 여초如初 김응현金膺顯이 쓴 '鰲隱古宅오은고택'이라는 현판이 걸려 있다. 오은鰲隱은 선교장을 장원의 모습으로 만든 이내번의 손자 이후李垕의 호이다.

동별당은 남자와 여자가 함께 사용하는 가족 공용공간으로, 선교장의 온 가족이 모여서 가족회의를 하기도 하고, 주인이 손님을 피해 편안히 쉬는 곳이기도 했다. 그리고 선교장의 사돈이나 가까운 친척들이 오면 동별당에 머물렀으며, 손자며느리나 출가할 딸이 선교장의 가풍을 익히기 위한 공간으로 사용하기도 했다.

동별당 맨 오른쪽 ㄱ자로 꺾인 곳의 안방은 궁중방을 모방하여 만든 여덟 칸의 큰 방으로, 중간을 장

동별당 툇마루.
동별당은 안방과 대청, 건넌방으로 구성되어 있으며, 이들은 툇마루로 연결되어 있다.

지문으로 막으면 두 개의 방으로 쓸 수 있다. 이 안방에서는 연회, 환갑, 혼인 등 잔치가 행해졌는데, 사방 문을 열면 동별당 전체가 하나의 공간으로 확장이 가능하였기 때문이다.

동별당 왼편의 건넌방에는 장차 선교장 안살림의 대를 이을 며느리가 거처하였다. 선교장의 가풍에 따라 언행言行, 음식, 침공針工, 글씨 연습 등 모든 수양이 대방마님의 안목에 들 때까지 계속되었다. 그리고 출가시킬 딸들도 혼처가 정해지면 그 집안의 법도와 가풍을 익히는 수양을 이곳에서 시작하였다.[18]

사랑채와 열화당

사랑채는 남성의 공간으로, 손님을 접대하는 곳이다. 선교장의 사랑채는 열화당悅話堂과 중사랑, 아랫사랑, 그리고 사랑마당으로 구성되어 있다. 열화당은 선교장의 큰사랑채로 선교장의 대주大主가 머무는 곳이다. 중사랑은 열화당 서쪽 건물로 장차 선교장주가 될 장남이, 아랫사랑은 一자형의 행랑채로 대를 이을 장손이 머물렀다. 그리고 열화당, 중사랑, 아랫사랑으로 둘러싸인 사랑마당이 있었다.

조선시대 사대부가 해야 할 가장 중요한 일 가운데 하나가 접빈객接賓客이다. 접빈객이 바로 남성의 공간인 사랑채에서 이루어졌다. 선교장에서는 중사랑에 머물고 있던 집사가 손님의 격을 파악하고 그에 맞는 예우를 정하였는데, 하루 저녁 손님과 함께하면서 보학譜學과 학식學識 등을 파악하여 등급을 정하였다고 한다. 가장 높은 등급을 받은 손님은 열화당으로 모셨으며, 중간 등급은 중사랑에 머물게 하고, 가장 낮은 등급은 아랫사랑으로 내려 보냈다. 이들에 대한 예우는 음식을 비롯한 여러 가지 면에서 차이가 있었다.[19]

열화당은 대주가 머무는 건물답게 사랑마당보다 일 미터 오십 센티 높은 곳에 자리하고 있다. 열화당에 앉아서 마당을 내려다보는 대주를 마당에 있는 사람들이 올려보도록, 대주의 권위를 건축적으로 표현하였다. 대주는 이곳에서 선교장을 총괄하였으며, 손님들을 접대하고 친척들과 환담하였다. 따라서 열화당은 선교장의 건축물 가운데 가장 핵심이 되는 건물이다.

열화당은 1815년(순조 15년) 이후李厚에 의해 건립되었다. 이후는 어린 조카들을 남긴 채 일찍 별세한 두 동생 승조昇朝와 항조恒朝의 가족을 부양하기 위해 열화당과 안채의 아래채를 지었다. 즉 안채의 아래채에는 승조의 가족을 거처하게 하고, 열화당을 지어 한 방에 항조의 가족을 거처하게 하였다. 열화당에는 일찍 세상을 떠난 아우들에 대한 그리움과 가족의 화합과 행복을 염원하는 마음이 담겨 있다.

'열화당'이라는 집 이름은 중국 진晋나라의 시인 도연명陶淵明의 「귀거

열화당悅話堂.
전면의 차양은 사각초석 위에 팔각기둥을 세우고 연꽃 모양을 장식한 다음 동판을 올려 시설한 구조물로, 러시아 공사가 초청에 대한 감사의 표시로 선물한 것이라 한다.

좌우에서 본 열화당 앞 툇마루. 열화당의 당호는 도연명의 「귀거래사」에서 차용한 것으로, 일가친척들이 열화당에 모여 정담을 나누고자 하는 주인의 마음이 담겨 있다.

래사歸去來辭」에서 차용하였다. 「귀거래사」는 도연명이 최후의 관직인 팽택현彭澤縣의 지사知事 자리를 버리고 고향인 시골로 돌아오는 심경을 읊은 시로, 세속과 결별하고 은둔의 생활을 선언하고 있다.

世與我而相遺　　세상과 더불어 나를 잊자
復駕言兮焉求　　다시 벼슬을 어찌 구할 것인가
悅親戚之情話　　친척들과 정다운 이야기를 즐겨 듣고
樂琴書以消憂　　거문고와 책을 즐기며 우수憂愁를 쓸어 버리리라

이 글은 당시 이후의 마음을 그대로 표현해 주고 있다. 이후는 「귀거래사」의 내용처럼 전원에 묻혀 가족, 친척들과 따사로운 대화를 나누며 즐거움을 얻고자 하였다. 즉 '열화당'이라는 집 이름을 통해서 '일가친척이 늘 열화당에 모여 정담을 나누고 싶다'는 이후의 마음을 읽을 수 있다.

열화당은 큰대청과 온돌방, 그리고 작은대청으로 구성되어 있다. 큰대

청은 네 칸 마루방으로, 작은대청은 두 칸의 누마루 형식으로 되어 있다. 세 개의 온돌방은 두 대청 사이에 ㄱ자형으로 자리하고 있다. 이 가운데 세 개의 온돌방과 누마루의 구성은 '온돌+마루'라는 우리나라 살림집의 일반적인 요소와 田자형이라는 영동지방만의 독특한 요소가 결합되어 있다. 세 개의 방 가운데 벽장이 있는 방은 침실로 사용되고, 나머지 두 개의 방은 접빈객을 위한 것이었다.

열화당 큰대청은 여름철 많은 손님들이 모여 시회詩會 등을 열던 곳이다. 큰대청은 넓어서 대들보가 T자형으로 되어 있는데, 이는 우리나라에서 흔히 볼 수 없는 것이다. 외부에 노출되어 있는 T자형 대들보는 목재가 주는 질감과 크기가 우리나라 건축의 또 다른 아름다움을 느끼게 한다. 큰대청은 특히 여름철에 문짝을 전부 떼어 걸어 놓으면 전후좌우로 통풍이 될 뿐만 아니라, 주변의 경치를 건물 안으로 끌어들여 자연의 정취를 만끽할 수 있다. 반면 작은대청은 정겨운 이야기를 나누는 오붓한

열화당 큰대청 누마루 바깥쪽 난간(왼쪽)과 내부(오른쪽). 열화당은 큰대청과 온돌방, 그리고 작은대청으로 구성되어 있다. 여름이면 앞마당에 능소화가 핀다.

공간이다.

열화당 방 안에 들어서면 모든 창호들 자체가 표구表具된 병풍들이다. 원래 가족을 위해 지어졌으나 훗날 손님을 위한 공간으로 바뀌면서 얼마나 많은 시인 묵객이 들렀는가를 상징적으로 보여 주고 있다. 밖이 푸른 나무들의 숲이라면, 방 안은 묵향墨香이 아직도 남아 있는 숱한 글씨와 시의 숲이다. 특히 추사秋史 김정희金正喜의 '竹仙죽선'과 소남少南 이희수李喜秀의 '仙嶠幽居(선교유거)'는 묵향의 백미이다.

열화당 앞의 차양은 러시아 공사公使가 선물한 것이다. 선교장의 초청을 받은 러시아 공사가 감사의 표시로 러시아제 동판 차양을 선물하였다. 사각형의 초석 위에 팔각기둥을 세우고, 연꽃 모양을 장식한 다음 동판을 올려 차양시설을 하였다. 이는 창덕궁 연경당演慶堂 선향재善香齋의 차양을 모방한 것으로, 우리나라 살림집에서는 흔히 볼 수 없는 것이다. 여기서 선교장 주인의 진취성을 엿볼 수 있다.

열화당 큰대청에서 내다본 풍경. 열화당의 대청은 숱한 시인 묵객墨客들이 다녀간 풍류공간이었다.

열화당 큰대청의 T자형 대들보. 우리나라에서 보기 드문 T자형 대들보는 크기와 목재의 질감으로 장중함이 느껴진다.

중사랑은 장차 선교장주가 될 장남이 머무는 곳이다. 선교장의 대주大主는 장남을 열화당 바로 옆의 중사랑에 기거하도록 하면서 선교장 운영의 실무 책임자인 집사들을 감독하는 등 선교장 경영을 배우도록 하였다. 따라서 중사랑에는 장남 외에 집사가 함께 기거하였다.

또한 이 공간은 선교장 경영의 중심지였다. 실제 중사랑은 사랑채의 중심에 자리하고 있다. 북쪽 위로 열화당을 보필하고, 남쪽에 있는 교당 마당에서 거둬들인 곡식을 저장하고 관리하였다. 그리고 서쪽의 인쇄소와 초가에 살고 있는 솔거노비들을 통솔하면서 남쪽 아랫사랑(행랑채)에 머물고 있던 대목大木, 소목小木, 한의사, 포수 등을 관리하였다.[20]

중사랑은 원래 아랫사랑(행랑채)과 이어진 홑집이었는데, 최근 아랫사랑과 떨어진 겹집으로 복원되었다. 중사랑은 가운데 두 칸 대청을 기준으로 양쪽에 두 칸짜리 온돌방이 각각 두 개씩 배치되어 있다. 온돌방은 하나의 트인 공간으로 시용할 수도 있고, 장지문으로 막으면 네 개의 작은 방으로 나누어 사용할 수도 있도록 되어 있다. 숙박하는 손님의 입장

열화당에서 내다본 행랑채. 선교장의 행랑채는 아랫사랑의 역할을 하며, 장손이 일곱 살이 되면 이곳으로 거처를 옮겨 공부에 전념했다.

을 고려하여 방의 기능을 극대화한 평면계획이다.

아랫사랑은 장손이 머무는 곳이다. 장손은 안채에서 머물다가 일곱 살이 되면 아랫사랑으로 거처를 옮겼다. 장손은 선교장의 가사 운영에는 참여하지 않았고, 다만 장래를 위해 공부를 열심히 하는 것이 그의 책무였다. 그래서 그가 머무는 방 가까이에 가정교사인 서당 훈장이 머물렀다.

선교장의 아랫사랑은 행랑채이다. 선교장의 행랑채는 일반 주택의 그것처럼 하인들이 머무는 공간이 아니라, 장손과 여러 기술자들이 머무는 아랫사랑이었다. 하인이 양반과 같은 높이의 마당에서 마주 보며 살아간다는 것은 용납될 수 없기 때문에, 안채로 이어지는 평대문 옆 단칸방에 머물렀던 청지기 한 사람을 제외한 나머지 하인들은 배다리골에 산재해 있던 초가에 거주하였다.

한편, 열화당과 아랫사랑 사이에는 사랑마당이 있다. 이 사랑마당은 일반 주택의 그것과는 달리 규모가 크다. 수많은 손님들과 하인들이 북적대는 곳이고, 수백 명의 소작인 대회를 열어 위안잔치를 베풀던 공공의 공간이었다. 지금도 이같은 전통이 계승되어 매년 여름 사랑마당에서 '풍류음악회'가 열리고 있다.

행랑채

선교장 행랑채는 스물세 칸의 一자형으로 우리나라 고택 행랑채 가운데 가장 길며, 단순하면서도 장엄함이 깃들어 있다. 마을 진입로를 향하여 펼쳐진 장축의 행랑채 벽면은 밖으로 표현된 구조부재와 창호에 의해 적절히 분할되고 반복되어, 마치 아름다운 회화를 보는 듯하다. 특히 밖으로 돌출되어 있는 굴뚝의 반복은 리듬감을 더해 준다.

선교장의 행랑채는 일반 주택의 행랑채가 아니다. 보통 행랑채는 주택에서 대문간의 좌우 또는 그 앞에 둘러 세운 부속 건물로서, 대문채를 포함하여 곳간과 노비의 거처, 마구간 등으로 구성되어 있다. 그러나 선교

행랑채.
행랑채 가운데에는 남성이 출입하는 솟을대문이, 그 오른편에는 여성이 출입하는 평대문이 나 있다.

장의 행랑채는 외관상으로는 일반 주택의 행랑채처럼 보이지만, 이곳에 거주하는 사람은 장손을 비롯하여 대목, 소목, 한의사, 서당 선생, 매포수, 서기, 미장이, 도배장이, 지관 등 기술자들과 지나는 손님들이었다.

선교장 행랑채는 집 안과 집 밖을 구획하는 경계선이다. 행랑채를 기준으로 집 안에는 열화당, 서별당, 안채, 동별당, 사당 등이 있고, 집 밖에는 외별당을 비롯한 부속 건물과 활래정이 있다. 행랑채에는 솟을대문과 평대문이 있어, 솟을대문으로는 남자들이 사랑채로 출입하고, 평대문으로는 여자들이 안채로 출입하였다. 선교장 행랑채는 닫힘과 열림의 공간인 것이다.

선교장은 건물의 배치 구성 면에서 분산형分散形이다. 그런데 선교장이 통일감과 짜임새를 가질 수 있는 것은 一자형의 행랑채 때문이다. 행랑채 안쪽에 배치되어 있는 열화당, 서별당, 안채, 동별당은 높이와 형태 면에서 제각각이다. 자유로운 면을 넘어서서 자칫 산만한 느낌을 줄 수도 있다. 그런데 앞에 긴 형태의 행랑채가 존재함으로써 이들을 서로 유기적으로 연결시켜 하나의 질서와 통일감을 가질 수 있도록 하였다.

안쪽에서 본 행랑채 야경. 하인들이 머무는 일반 주택의 행랑채와는 달리 손님과 장손, 여러 기술자들이 머무는 아랫사랑 역할을 했다.

행랑채.
선교장 행랑채는 총 스물세 칸으로 우리나라 고택 행랑채 가운데 가장 길다.

그리고 행랑채는 비보裨補를 통해 선교장 집터의 결함을 보완하였다. 선교장은 수구水口가 열려 있기 때문에, 완벽한 풍수지리를 위해 본채 앞에 스물세 칸의 긴 행랑채를 지어서 열려 있는 수구를 막았다. 이 결과 선교장의 본채가 뒷산과 행랑채에 싸여 아늑한 공간이 되었다.

눈으로 느낄 수는 없지만, 측량 도면에 의하면 행랑채는 열화당 쪽으로 약간 쏠려 있다. 이는 본채와 행랑채를 평행하게 놓을 경우 공간적인 변화가 없고, 열화당 마당이 지나치게 넓어지는 단점을 보완하기 위한 것이다. 행랑채를 열화당 쪽으로 쏠리게 함으로써, 자칫 황량해 보일 수 있는 사랑마당을 아늑한 공간으로 만들었다. 외부에서 활래정活來亭 앞을 지나 들어오면 행랑채는 갈수록 멀어지는 느낌을 받게 된다. 반면 내부에서 보면 진입로나 활래정은 가깝게 느껴진다. 이 역시 행랑채를 비스듬하게 배치함으로써 선교장이 외부에서는 위엄을 가지며, 내부에서는 친근감을 느끼도록 한 것이다.[21]

서별당과 연지당

서별당西別堂과 연지당蓮池堂은 안채와 사랑채 사이에 있다. 선교장에서 가장 깊숙한 곳에 자리하고 있어서 조용할 뿐 아니라, 안채와 사랑채 사이에 자리하고 있어서 남성 영역과 여성 영역의 중간적 성격을 가지고 있다. 서별당과 연지당은 내외담으로 안채, 사랑채와 그 영역을 구분하면서, 남성 영역인 열화당과는 쪽문으로 소통하고, 여성 영역인 안채와는 툇마루를 통해 소통하였다. 결국 여성의 공간 안채와 남성의 공간 사랑채는 이 두 건물을 통해 서로 소통하였다.

서별당과 연지당은 사대四代 선교장주 이용구李龍九에 의해 완성되었다. 그는 아버지 이후李垕의 유지를 받들어 대가족을 위한 선교장 경영을 하였다. 선교장에는 직계가족뿐만 아니라 지손支孫의 가족까지 한집에 살았기 때문에, 이들 대가족을 위해 이용구는 서별당과 연지당을 완성하였다.

서별당에는 남자들의 공간인 서재書齋와 여자들의 공간인 산실産室이 함께 있었다. 가운데 있는 대청을 기준으로 열화당 쪽은 서고와 서재이

서별당에서 본 안채.
안채 건넌방은 뒷문을 통해
서별당으로 드나들 수 있게
되어 있다.

서별당.
서별당은 여성 공간인 안채와 남성 공간인 사랑채 사이에 자리하여 두 공간의 소통 역할을 했다.

며, 안채 쪽은 산실과 육아실이었다. 맨 왼쪽의 서고는 누마루 형식으로 되어 있어서 문을 열면 통풍이 잘 되었으며, 여름철에는 주로 누마루방을, 겨울철에는 온돌방을 서재로 이용하였다. 산실과 육아실은 온돌방과 마루방, 고방으로 되어 있으며, 가운데 대청은 뒷문을 열면 솔숲과 대밭의 맑은 바람이 은은하게 들어오는 아늑한 곳이었다.[22]

연지당은 여자 하인들이 기거하면서 옷과 음식을 만들던 곳이다. ㄱ자형으로, 온돌의 침모針母 방과 누마루의 찬모饌母 방으로 구성되어 있다. 침모 방에서는 침모 두세 명이 기거하면서 사계절 대가족과 손님을 위한 옷을 만들었는데, 손님의 옷은 침모가 창을 통해 사랑마당을 내다보면서 눈대중으로 손님의 치수를 재어 옷을 맞추어 주었다고 한다. 찬모 방은 보관창고를 겸하고 있어서 수많은 술항아리와 떡함지에 술과 음식물이 가득하였다. 당시 주문진 어장에서 도미, 방어 같은 해산물을 사다가 창고 가득 채워 두어도 오일장預日場이 멀다 하고 모자라는 경우가 허다하였다고 한다. 손님을 진심으로 접대하는 접빈객接賓客이 얼마나 많은 재력을 필요로 했는가를 짐작케 하는 대목이다.

한편, 서별당 아랫마당은 받재마당이라고 하여 교당마당에서 정리된

서별당 쪽에서 본 연지당. 연지당은 여자 하인들이 기거하면서 옷과 음식을 만들던 공간이다.

재산을 안으로 받아들일 때 사용했던 곳이다. 서별당 마당은 원래 선교장에서 가장 깊은 곳에 자리하고 있어서 가장 조용한 곳이었는데, 연지당 건물 한가운데에 사랑마당과 연결시켜 주는 새로운 대문이 생기면서 받재마당이 되었다.

　서별당과 연지당은 여성 공간 안채와 남성 공간 사랑채를 분리시키면서 동시에 소통을 담당하는 곳이었다. 남녀의 공간은 내외벽과 내외담 등으로 차단되어 있었으나 쪽문과 창문은 남녀 공간의 소통 수단이 되었다. 쪽문과 창문을 통한 소통은 직접 대면하는 것이 아니라 '눈치'를 통한 것이었다.[23] 손님이 방문을 하여도, 사랑채에 몇 사람이 왔으니 어떤 상을 보아 오라는 지시는 없었다. 따라서 쪽문과 창문 너머로 눈치를 통해 손님 접대의 격과 수량을 짐작하고 준비하였다.

그런 중에도 기약 없이 찾아온 손님 접대는 참으로 어려운 일이었다. 문객門客들은 한번 오면 몇 달 동안 머물렀다. 세 끼 식사는 물론, 주안상과 밤참까지 차려 올려야 했다. 게다가 옷도 지어 주고 떠날 때는 여비까지 주었다. 그러면 문객은 답례로 글을 짓고 글씨를 써서 남겼다. 언제 떠날지를 짐작하는 방법 가운데 하나로 안주인이 시중을 드는 하인에게 "손님께서 먹 갈았느냐"고 물어보았다고 한다. 가기 전에 글과 글씨를 남겨주기 위해 먹을 갈았다면 내일 떠난다는 신호였기 때문이다.[24] 그리고 일반 손님들에 대해서는, 이제 떠날 때가 되었다고 판단되면 밥그릇과 국그릇의 위치를 바꾸어 놓았는데, 그러면 손님이 눈치를 채고 짐을 싸서 떠났다고 한다.

활래정

이후李垕는 1816년(순조 16년) 활래정活來亭을 창건하였다. 그는 초야에 묻혀 은일지사隱逸之士로 학문과 풍류를 즐겼다. 과거에 응시하였다가 시험관의 횡포로 낙방의 아픔을 맛본 후 중앙정계 출입을 일절 끊고 초야에 묻혀 가사 경영에 몰두하였다. 훗날 처사공處士公이라 불릴 정도로 산수를 즐기며 감흥을 시로 남기는 등 풍류를 즐겼다.

이후는 주자朱子를 흠모했다. 당시 조선의 유학자들은 중국의 주자가 무이산 무이구곡武夷九曲에 건립한 무이정사武夷精舍를 최고의 이상향으로 삼았다. 그리고 주자처럼 은둔하는 삶을 최고의 미덕으로 여겼다.[25] 이후도 주자를 흠모하여 정자를 건립하고, 정자 이름을 주자의 시「관서유감觀書有感」에서 인용하여 활래정活來亭이라 하였다.

半畝方塘一鑑開   작은 연못이 거울처럼 펼쳐져

활래정.
활래정은 연못 속에 돌기둥을 담그고 있는 누정 형식으로 지은 건물로, 창덕궁의 부용정芙蓉亭을 닮았다.

天光雲影共徘徊	하늘과 구름이 함께 어리네
問渠那得淸如許	묻노니 어찌 그같이 맑은가
爲有源頭活水來	근원으로부터 끊임없이 내려오는 물이 있음일세

   활래정이라는 이름은 '끊임없이 활수活水가 흘러들어 오는 정자'라는 뜻이다. 실제로 정자 앞 연못에는 태장봉胎藏峰으로부터 끊임없이 맑은 물이 흘러들어 온다. 그래서 거울처럼 맑은 연못의 물에 하늘의 구름과 정자가 함께 비쳐 주희의 시詩에 나타난 풍경을 그대로 연출하였다.

창건 당시의 활래정은 연못 가운데 섬에 세워진 단칸의 정자였다. 이후는 배다리골 입구에 둑을 쌓아 물을 가두어 연못을 만들고 연꽃을 심었다. 그리고 못 가운데 돌을 쌓아 작은 섬을 만들고 정자를 세웠다. 그 규모는 한두 사람이 겨우 들어갈 정도로 작은 것이었다. 그리고 널빤지를 이어 조교弔橋를 만들어 둑에서 정자로 오갈 수 있도록 하였다. 그곳에서 고금의 서책을 읽고 시詩를 지었다.

활래정을 현재의 모습으로 중건한 것은 이후의 증손자인 이근우李根宇였다. 그의 양부養父인 이회숙李會淑과 생부生父 이회원李會源, 그리고 조부祖

父 이용구李龍九는 벼슬살이 때문에 서울에서 생활하였다. 따라서 활래정은 한동안 주인을 잃고 허물어졌다. 마침 영월 장릉莊陵 참봉으로 제수된 것을 계기로 선교장으로 돌아온 이근우는 1924년에 활래정의 위치와 규모, 형태를 지금처럼 바꾸어 중건하였다. 그는 스스로 호號를, '경포호 위에서 농사를 짓는 사람'이라는 의미인 경수농인鏡水農人을 줄여서 경농鏡農이라고 하였다.

활래정은 창덕궁昌德宮 후원의 부용정芙蓉亭을 닮았다. 연못 속에 돌기둥을 담그고 있는 누정 형식으로 지어진 이 건물은 일부가 물 가운데 떠 있는 형상이다. 연못 속에 세워진 네 개의 돌기둥도 원형圓形이 아닌 방형方形으로, 물 위에 정자가 비칠 때 기둥의 선이 보다 선명하게 보인다. 기둥 모양 하나에서도 세심한 배려를 하는 궁실건축의 화려하고 치밀함이 활래정에 그대로 적용되고 있음을 알 수 있다.

활래정은 ㄱ자형으로 언덕 쪽의 온돌방과 연못 쪽의 누마루로 구성되어 있다. 온돌방은 장지문을 지르면 두 개의 방이 될 수 있도록 하였으며, 아궁이는 언덕 쪽에 설치하였다. 그리고 물 위에 떠 있는 누마루는 작은

활래정 누마루.
활래정은 벽이 없는 사방이 문으로 되어 있다. 누마루에서 내다보는 경치는 선경仙境이다.

활래정.
이후는 활래정을 창건하고,
정자 이름을 주자의 시
「관서유감」에서 차용하였다.

복도로 온돌방과 연결하였다. 특히 활래정에서 주목되는 것은 방과 마루를 연결하는 복도 옆에 있는, 손님에게 접대할 차를 끓이는 다실茶室이다. 방과 마루 사이에 다실을 배치함으로써 겨울에 사용하는 온돌방과 여름에 사용하는 누마루 어느 곳이라도 차를 접대하기 편리하도록 하였다.

활래정에서 바라보는 경치는 선경仙境이었다. 활래정은 사방에 벽이 없으며, 문으로만 둘러져 있다. 그리고 돌아가면서 난간이 있는 툇마루를 설치하여 개방성을 강조하였다. 문을 모두 열어 놓으면 정자 속에 앉아 있어도 주변의 자연을 방안 가득히 끌어들여 인간과 자연이 일체가 될 수 있다. 활래정 누마루에서 시인 묵객들이 모여 연회가 벌어지면, 주변의 풍경과 소리는 모두 시정詩情이 되었다. 활래정에서 받은 감동은 숱한 시詩·서書·화畫가 되어 곳곳에 걸려 있다.

한편, 선교장에는 활래정 외에 녹야원麓野園과 팔각정八角亭이 있었다. 팔각정은 이후에 의해 건립된 것이 분명하지만 녹야원의 건립 시기는 정

녹야원 누마루.
녹야원은 초야에 묻혀 학문과 풍류를 즐기고자 하였던 이후에 의해 건립된 것으로 추정된다.

달밤의 활래정(p. 115).
활래정은 전국의 풍류객들이 모이는 최고의 풍류공간이었다.

확하게 알 수 없다. 이후가 팔각정과 함께 건립한 것으로 추정할 뿐이다. 녹야원과 팔각정을 지어 은일지사隱逸之士로서 생활을 즐긴 게 아닌가 한다.

녹야원과 팔각정을 건립한 이후의 다음 대인 이용구와 이회원이 서울에서 벼슬살이를 하면서 선교장 운영은 안주인에게 맡겨졌다. 따라서 남자의 공간에 자리한 녹야원과 팔각정은 주인을 잃고 허물어졌다. 빈 터로 남아 있던 녹야원은 최근에 발굴을 통해 그 위치와 유구를 확인하고 예전의 모습으로 복원하였다. 그러나 팔각정은 터만 남아 있을 뿐 복원되지 못하였다. 팔각정의 자리가 풍수지리적으로 좌청룡의 머리에 해당하는 곳이라 정자를 지으면 청룡이 날 수 없을 것이라는 생각에 복원에 신중을 기하고 있다.

외별당과 별채

선교장이 있는 배다리골에는 본채를 제외한 외별당外別堂과 별채, 그리고 초가들이 있었다. 배다리골에 가장 많은 사람이 살았을 당시 선교장 대가족은 백여 명에 이르렀다.

외별당은 사대四代 선교장 대주大主 이용구李龍九가 동생 의범宜凡의 가족을 위해 지은 것이다. 이용구와 이의범은 나란히 과거에 급제하였으나, 이용구는 말년에 통훈대부通訓大夫 통례원通禮院 인의引儀 벼슬에 제수되었고 그 전까지는 대가족을 지향했던 아버지 이후의 유지를 받들어 선교장을 경영하였다. 반면 동생 의범은 과거 급제 후 벼슬길에 오르면서 주로 한양에 거주하였다. 예빈시禮賓寺 참봉參奉을 시작으로 내섬시內瞻寺 봉사奉事를 거쳐 사헌부司憲府 감찰監察 등을 역임하였다. 그리고 통천군수通川郡守

외별당.
외별당은 이용구가 동생 이의범의 가족을 위해 지은 것이다.

외별당.
외별당은 대문채와 본채로 구성된, 선교장 본채와는 독립된 가옥이다.

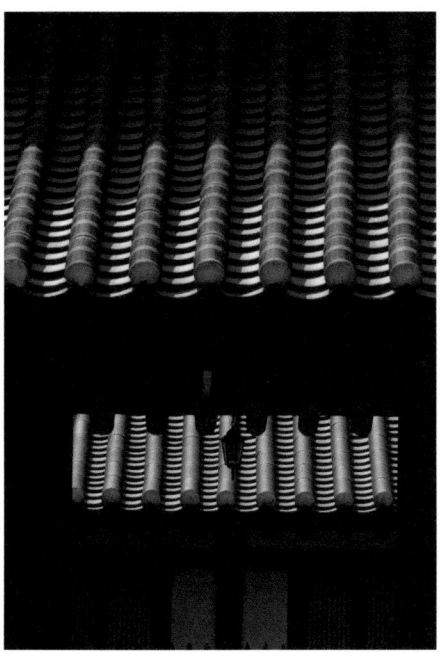

가 되어 선정善政을 베풀면서, 지역민들이 선교장을 '통천댁'이라고 부르게 되었다.

이용구는 동생 의범의 가족이 선교장에 머물 수 있도록 안채 동쪽에 외별당을 지었다. 그는 선교장 본채를 '대택大宅'이라 하고, 의범의 가족을 위해 지은 외별당은 '소택小宅'이라고 불렀다. 이용구는 동생 의범에게 토지 등 재산을 나누어주고 분가시켰으나, 거주공간은 선교장 안에 두어 대가족이라는 큰 울타리 속에서 한 가족으로 살도록 하였다. 동생 의범은 대를 이을 아들이 없어 형 용구의 둘째 아들 회원會源을 양자로 삼았다. 외별당에는 이의범에 이어 아들 회원이 거주하였다. 그러나 두 집은 후대로 가면서 상호 양자를 함으로써 자연스럽게 하나의 집으로 다시 합쳐지게 되었다.

외별당은 대문채와 본채로 구성된 독립된 가옥의 형태다. 대문채는 一자형으로 가운데 평대문이 있고, 좌우에 온돌방과 광이 있다. 본채는 ㄱ자형으로 안방과 건넌방, 그리고 대청과 부엌 등으로 구성되어 있다.

현재 외별당에는 장남을 대신하여 선교장을 경영하고 있는 차남 이강백이 살고 있다. 그는 차남이기 때문에 본채가 비어 있는데도 불구하고 본채를 장남의 공간으로 남겨 두고 이곳 외별당에 거처를 정하였다. 장남 이용구가 본채에 살고 차남 이의범이 외별당에 살았듯이, 그는 선교장의 전통을 그대로 지켜 가고 있다.

외별당에서 내다본 별채.
선교장의 별채에는 친척들과
하인들이 거주하였다.

선교장의 별채로는 소실댁과 친척집, 자미재 등이 있었다. 선교장 솟을대문 앞에는 소실집이 있었다. 육대六代 선교장 대주大主 이근우李根宇는 솟을대문 바로 앞에 소실집을 지었다. 대문채와 본채, 아래채의 세 건물이 ㅁ자형을 이루고 있었으며, 규모가 이십여 칸에 이르렀다. 대문채는 ㄱ자형으로 가운데 작은 대문이, 좌우로 방과 광이 있었다. 본채는 ㄴ자형으로 안방과 대청, 건넌방, 부엌으로 구성되어 있었다. 아래채 역시 ㄴ자형으로 가운데 마루를 중심으로 광과 화장실, 우물로 구성되어 있었다. 그러나 소실댁은 육이오·이후 헐어지고 채소밭으로 변하였다.

선교장 배다리골 안에는 친척집들이 있었다. 1941년 일제강점기 때 제이차세계대전이 발발하면서 서울에는 소개령疎開令이 내려졌다. 서울에서 생활하던 이근우의 둘째 아들 경의慶儀 가족과 셋째 아들 현의顯儀 가족은 강릉으로 내려와 선교장 본가에서 함께 살았다. 경의 가족은 대문 앞 별채인 소실댁에서 살았다. 서모庶母에게 자식이 없었기 때문에 서울에서도 경의는 서모를 모시고 살았는데, 선교장으로 내려와서도 서모를 위해

별채.
초가집 별채는 선교장에 속해 있는 솔거노비들의 집이었다.

지은 본채 앞 별채에서 살았다. 그리고 셋째 아들 현의 가족은 동별당에서 살다가 뒤에 교당마당 위에 별채를 지어서 살았다. 당시 이층집으로 지어진 별채는 해방 이후 현의 가족이 다시 서울로 떠난 뒤 헐렸다. 현재는 전통문화체험관이 지어져서 우리 문화 체험을 위한 공간으로 활용되고 있다.

한편, 선교장 본가 주변에는 스물다섯 채 정도의 초가가 있었는데, 이들은 모두 선교장에 속해 있던 솔거노비率居奴婢들의 집이었다. 초가에 살던 솔거노비들은 그 집에서 침식만 해결했을 뿐 그들의 일상생활은 선교장 영역 내에서 이루어졌다. 선교장 본가를 중심으로 활동하는 사람은 어림잡아 백여 명이 되었기 때문에, 초가에 살던 이들이 없으면 선교장의 가사 운영은 불가능할 정도였다.[26]

선교장의 초가는 田자형 계열의 겹집이었다. 방의 배치는 ㄱ자형이며, 돌출 부분은 가옥의 왼쪽에 있다. 이는 북서풍을 차단하는 방풍벽의 구실을 하는 등 여러 가지로 자연환경에 유리한 형태이다. 부엌에서 ㄱ자형으

초가집.
솔거노비가 거주하던 선교장 초가집은 전형적인 북부지방의 田자형 겹집이다.

로 돌출된 부분에는 외양간이 자리잡고 있는데, 이는 말이나 소가 따뜻한 부엌 옆에서 춥고 긴 겨울을 잘 견딜 수 있도록 하기 위한 것이었다.

사당 및 선영

선교장의 사당은 선교장에서 가장 높은 곳에 자리하고 있다. 조상은 비록 돌아가시긴 하였지만 살아 있는 자손보다는 위계가 높았기 때문에 집안에서 가장 높은 곳에 모셨다. 가장 높은 곳에 조상을 모심으로써 자손들이 그 아래에서 조상의 보살핌을 받으며 살아가고 있음을 보여 주는 것이다.

   선교장의 사당은 안채 뒤에 자리하고 있다. 예로부터 가장은 매일 두 번 이상 사당에 문안인사를 올려야 했다. 따라서 사당은 가장이 기거하는 사랑채와 가까운 거리에 배치하는 것이 일반적이다. 그러나 선교장의 경우 사랑채와 사당은 멀리 떨어져 있다. 그것은 선교장에서 가장 높은 곳이 바로 안채 뒤 현재의 사당 자리였기 때문이다. 외부인의 접근을 막을 수 있는 가장 신성한 곳이 바로 안채 뒤 언덕이었다.

선교장의 사당은 오재당午在堂이다. 선교장의 주인으로 서울에서 벼슬살이를 하던 이회숙은 흥선대원군興宣大院君과 매우 가까이 지냈으며, 대원군에게 많은 정치자금을 제공하기도 하였다. 그러던 어느 날 흥선대원군은 자신의 별당 당호를 '아재당我在堂'이라 써서 붙였다. 그 자리에 함께 있던 이회숙은 대원군에게 오재당午在堂이라는 편액을 하나 써 달라고 부탁하였다. 이렇게 해서 사당에 '午在堂오재당'이라는 당호가 걸리게 되었다.27) 현재는 흥선대원군이 쓴 현판 대신에 일중一中 김충현金忠顯이 쓴 현판이 걸려 있다.

선교장 사당은 정면 세 칸, 측면 두 칸으로, 전면에 툇마루를 두었다. 단층 맞배지붕의 돌계단을 통해 사당으로 올라가 문을 열고 들어서면 내부는 칸막이가 없이 개방된 공간으로 영정과 위패가 모셔져 있다. 서쪽부터 고조부 내외, 증조부 내외, 조부 내외, 그리고 부모의 신위 순서이다. 다른 집안과는 달리 초상 사진이 모셔져 있는 것이 특징이다.

오재당.
조상을 모신 사당은 선교장에서 가장 높은 곳에 자리하고 있다.

선교장의 선영先塋은 선교장 뒤쪽 서지골에 있다. 본래 선교장 조상의 산소는 명당을 찾아서 여러 곳에 흩어져 있었는데, 최근에 종손 이강륭李康隆은 이내번李乃蕃의 산소가 있는 서지골로 모든 조상의 산소를 모아서 가족묘원을 만들었다. 서지골 가족묘원은 등짐으로 흙을 날라 산의 계곡을 메우고 봉토封土하여 만든 곳이다. 당시 흙 한 짐을 넣으면 쌀 한 섬씩 가세가 번창한다고 하여 엄청난 양의 흙을 운반하여 묘원을 만들었다.

가족묘원은 피라미드형으로 되어 있다. 가장 높은 곳에 충주 시댁에서 친정 강릉으로 돌아와 선교장의 기반을 마련하였던 안동권씨 부인의 산소가 있고, 그 아래로 일대 선교장 대주大主 내번 내외, 이대 시춘時春 내외, 삼대 후垕 내외의 순서로 묘원이 조성되어 있다.

선교장의 묘역은 소박하다. 이후는 "살아 있는 자에게 베풀고, 죽은 자를 위한 무덤은 치장하지 말라"고 유언하였고, 후손들은 선조의 유지를 받들어 선영을 화려하게 꾸미지 않았다. 여러 대에 걸쳐서 관직에 나아갔음에도 불구하고 화려한 비석이나 석물은 찾아볼 수 없다. 다만 옥개석屋蓋石조차 없는 소박한 비석 두 개가 묘원 입구를 지키고 있다. 하나는 이후

선교장의 선영.
선교장은 최근 조상들의 산소를 모아서 서지골에 가족묘원을 만들었다.

사당.
당호는 오재당午在堂이며,
조상들의 신주神主와 초상사진이
모셔져 있다.

의 묘비이며, 다른 하나는 선교장의 계보가 족보 책처럼 상세하게 기록된 '전주이씨 효령대군파 세계표'이다. 이마저도 당대에 건립되지 못하고 몇 대가 지난 다음 이돈의李燉儀에 의해 건립되었다.

선교장은 조상에 대한 제례祭禮를 현실에 맞게 재해석하여 수행하였다. 전통적인 유교의 의례규범을 그대로 따르기보다는 그것을 현실에 맞게 변형하여 합리적인 방법으로 제사를 모신 것이다.

제례는 차례茶禮, 기제忌祭, 묘제墓祭로 구분된다. 차례는 설, 추석과 같은 명절에 지내는 제사로, 일반적으로 종가집에서 먼저 지낸 후에 분가한 작은집에서 지냈다. 그러나 선교장에서는 작은집들이 먼저 차례를 지낸 후에 마지막으로 선교장에서 차례를 지냈다. 그리고 차례를 마친 후에 친족들은 집안 대소사를 비롯한 정담을 화기애애하게 나누었는데, 여기서도 대가족을 중요시하는 선교장의 전통을 확인할 수 있다.

한편, 기제는 돌아가신 날에 지내는 제사이며, 묘제는 묘소에서 지내는 제사이다. 그런데 선교장에서는 이후의 명에 따라 일찍이 다른 종가집과는 달리 일 년에 한 번 통합해서 지내도록 하였다. 그 전통을 그대로 계

담 밖 송림에서 본 사당.
선교장의 사당은 대가족을
화합시키는 중심 역할을 한다.

승하여, 지금은 춘분과 추분에 통합하여 기제와 묘제를 지내고 있다. 분가해 나간 지손支孫들을 배려하는 마음과 조상을 중심으로 대가족의 화합을 도모하는 선교장의 가풍을 엿볼 수 있다.

곳간 및 동진학교

선교장의 곳간은 만석꾼의 상징이다. 선교장이 소유하고 있던 토지는 세 구역으로 구분된다. 강릉지역과 북촌, 남촌이 그곳이다.[28] 강릉지역의 토지는 선교장 주변을 포함하여 옛 명주군溟州郡의 사천면, 연곡면, 성산면, 신리면, 구정면, 강동면 일대에 분포되어 있었다. 북촌 지역은 연곡면, 주문진, 속초 양양군 일대이고, 남촌 지역은 옥계면과 망상, 묵호, 삼척 일대를 가리킨다. 이 밖에도 대관령 너머 대화, 하진부 일대와 함께 선산이 있던 충주 음죽 일대에도 선교장 소유 토지가 있었다.

　선교장의 곳간은 남쪽과 서쪽에 ㄴ자 형태로 두 동이 자리하고 있다.

남쪽의 곳간채는 정면 다섯 칸, 측면 두 칸의 좌우 대칭 맞배지붕 건물이고, 서쪽의 곳간채는 정면 다섯 칸, 측면 한 칸의 단층 맞배지붕 건물이다. 원래 광이었으나 동진학교東進學校로 사용하였다가 최근에 복원되어 현재는 선교장 관리사무실로 사용되고 있다.

   선교장이 진정한 만석꾼이었음은 가진 재산의 크기가 아니라 그것을 적절하게 베풂에 있었다. "동해안을 따라 양양에서 삼척까지 거의 남의 땅을 밟지 않고 다닌다"고 할 정도로 대토지를 가지고 있던 선교장은, 풍년에는 이곳에서 생산된 곡식을 창고 가득히 채우지만, 흉년이 들면 소작인들과 주변 사람들에게 식량을 나누어 주었다. 소작인들은 선교장의 후한 인심에 만인산萬人傘(강릉지역에서는 '만인솔'이라 불렀다)을 만들어 보답하였다. 만인산은 선교장의 후덕에 감사하는 소작인들이 우산을 만들어 그곳에 자신들의 이름을 써서 선물한 것이다.

   선교장의 곳간에는 한때 강원도 최초의 근대학교인 동진학교東進學校가

곳간.
선교장 곳간은 만석꾼의 상징이다. 특히 서쪽 곳간은 동진학교로 사용되었던 곳이다.

설립되었다. 육대 선교장 대주大主 이근우는 한말 국가가 존폐의 위기에 처한 것을 교육의 부재에서 비롯된 것으로 판단하였는데, 그는 인재 양성을 통해 쓰러져 가는 나라를 다시 일으켜 세우겠다는 뜻에서 동진학교를 설립하였다. 1908년 취약한 민족교육과 지방교육을 위해 곳간을 개조하여 신식 학교를 개교한 것이다. 그는 한국 독립의 역할을 담당할 인재를 양성하고자 젊은이들에게 신학문을 교육시켰다. 몽양夢陽 여운형呂運亨, 성재省齋 이시영李始榮을 비롯한 당시 최고의 신지식인들을 교사로 초빙하고 학비 전액을 부담하면서 학생들이 학업에 전념하도록 하였으나, 일제의 탄압으로 동진학교는 삼 년 만에 강제 폐교되고 말았다. 지금은 그 당시에 부르던 애국가와 행보가行步歌, 체육가體育歌 등이 전해 오고 있다. 특히 현재까지 선교장에 보관되어 있는, 동진학교에 게양했던 태극기太極旗는 당시 독립의 염원과 민족 교육의 필요성에 고심하였던 이근우의 모습을 보는 듯하다.

일제에 의해 나라가 식민지배를 받게 된 후에도 민족과 국가를 우선하는 선교장의 전통은 계속되었다. 일제의 탄압 속에서도 이근우는 총독부 관리들과 대화할 때 우리말을 사용하면서 중간에 통역을 두도록 하였다고 한다. 선교장의 재력과 선교장에 대한 민중들의 존경을 일제가 무시할 수 없었기 때문이다. 그리고 선교장은 독립자금의 제공을 통해 적극적으로 나라의 독립을 추구하였다.

담장과 대문

담장과 대문은 단절과 소통의 상징이다. 담장은 막는 것으로, 개인생활을 보호하는 방어적인 개념의 울타리이다. 담장은 외부인으로부터의 방어 목적 외에 방음과 방화, 시선 차단 등의 역할을 하였다. 대문은 여는 것으로, 담의 중간에 설치하여 내부를 외부로부터 개방하는 것이다. 우리나라 담장은 경계일 뿐 출입을 제한하기 위한 것은 아니다. 따라서 담장 사이사이에 열린 통로를 만들었다.

단절의 담장

담장은 담을 쌓는 재료와 담의 기능에 따라 다양하게 분류할 수 있다. 우리나라 담장은 재료에 따라 사고석담장, 꽃담, 와편담장, 돌담, 토담, 토석담, 생울, 싸리울 등으로 구분된다.29)

선교장의 담장은 토석담이다. 흙만으로 쌓은 토담은 빗물에 약하다. 그리고 돌로 쌓은 돌담은 무너지기 쉽다. 토석담은 토담과 돌담의 약점을 보완하기 위하여 자연돌과 흙을 섞어 쌓은 것이다. 선교장은 가장 실용적인

담장.
선교장의 담장은 방어의 개념보다는 경계를 구분하려는 목적이 강하다.

뒷산의 담장.
뒷산의 소나무와 담장의 선이
묘한 조화를 이룬다.

토석담을 쌓았다. 그리고 담장 위에 기와를 이어서 격식을 높였다.

선교장에는 바깥담, 내외담, 내담, 샛담 등 다양한 담장이 있다. 바깥담은 선교장 외곽을 둘러싸고 있다. 규모가 넓은 만큼 그 길이도 일반 주택과는 비교되지 않을 정도로 길다. 지형을 따라 춤추듯 흘러가는 담장의 모습은 담장 옆에 서 있는 소나무의 곡선과 묘한 조화를 이룬다. 내외담은 안채와 사랑채 사이에 존재한다. 행랑채의 평대문을 들어서면 내외 벽이 있고, 벽을 돌아서면 왼쪽과 오른쪽에 각각 안팎을 구분하는 담장과 대문이 있다. 내담과 샛담은 안채와 서별당西別堂, 그리고 서별당과 사랑채 사이에 존재한다.

선교장 담장의 높이는 사람의 눈높이를 넘지 않는다. 우리나라의 담장

은 성곽이나 궁궐의 담장을 제외하고는 높이가 그리 높지 않은 편이다. 그것은 우리나라 담장의 기능이 방어를 위한 것이 아니라 공간을 구분하기 위한 것이기 때문이다. 선교장의 담장도 사람의 눈높이를 넘지 않도록 하였다.

소통의 대문

우리나라 살림집에서는 담장 사이사이 통로에 문을 만들면 대문이 되고, 중문이 되고, 편문便門이나 협문夾門이 되었다.30) 대문은 집으로 들어가는 주된 출입문이며, 중문은 대문을 제외하고 중심축선상에 있는 문을 말한다. 협문은 중심축선상이 아닌 측면 부속 건물로 이동하기 위하여 샛담에

활래정 쪽에서 내려다본
월하문月下門.
'달빛이 내리는 문'이라는 뜻의
월하문 좌우에는 행랑채도,
담장도 없다. 늘 개방되어 있는
이 문은 활래정의 출입문이면서
동시에 배다리골의 입구이다.

달린 문을 말한다.

선교장에는 열두 개의 문이 있다. 一자형 행랑채의 서쪽에 남자가 출입하는 솟을대문이 있고, 동쪽에 여자가 출입하는 평대문이 있다. 이처럼 정면에 나란히 두 개의 문을 설치하는 경우는 창덕궁 연경당演慶堂을 제외하고 일반 고택에서는 찾아볼 수 없다. 그리고 선교장에는 열 개의 협문이 있다. 활래정活來亭 입구에 있는 월하문月下門을 비롯하여 일각문 형태의 문들이 선교장 곳곳에 자리하고 있다. 그리고 바깥 담장에는 작은 샛문인 쪽문이 있다.

선교장의 솟을대문은 선교장의 얼굴로, 장대하지만 겸손한 선비의 기품이 주인을 닮았다. 선교장의 솟을대문에는 '仙嶠幽居선교유거'라는 편액이 걸려 있다. '신선이 거처하는 그윽한 집'이라는 뜻이다.

선교장의 행랑채에는 평대문이 있고, 안채로 들어가는 이 대문 앞에는

평대문과 내외벽.
평대문을 들어서서 내외벽을 지나 오른쪽으로 가면 안채로, 왼쪽으로 가면 사랑채로 연결된다.

우물이 있다. 여자들이 많이 사용하는 우물이 여성들의 출입문 앞에 있는 것은 당연하지만, 풍수지리적인 입장에서도 매우 중요하다. 우물은 혈구穴口이기 때문이다.31) 한편 선교장 평대문의 문지방은 가운데가 끊어져 있다. 평대문으로 외바퀴가 달린 초헌軺軒이 드나들지 않는데도 문지방 가운데를 끊어 놓은 것은, 문을 닫았을 경우에도 동물들이 출입할 수 있도록 배려한 것이다.

선교장의 협문 가운데 가장 앞에 자리한 것은 월하문月下門이다. '달빛이 내리는 문'이라는 의미의 월하문 좌우에는 행랑채도 없고 담장도 없다. 월하문 하나가 독립적으로 서 있을 뿐이다. 항상 열려 있는 월하문은 활래정의 출입문이면서 배다리골의 입구를 상징한다.

행랑채 안쪽을 한 축으로 하여 이어진 협문은 선교장 문의 또 다른 아름다움이다. 동서로 길게 행랑채가 있고, 행랑채 안쪽으로 공간을 구분하는 협문이 있다. 가장 동쪽에는 안채와 외별당을 이어 주는 샛문이 있다. 가운데 있는 두 개의 문은 안채와 사랑채를 구분하는 샛문이다. 평대문을 들어서서 오른쪽 문으로 들어가면 안채가 되고, 왼쪽 문으로 들어가면 사랑채가 된다. 그리고 가장 서쪽에는 사랑마당에서 교당마당으로 출입하는 문이 있다. 이들 문은 각각의 공간을 구분지어 주는 구실을 함과 동시에 한 축에 있으면서 서로를 소통시키는 통로의 역할을 한다.

협문.
선교장에는 열두 개의 문이 있다. 문은 공간을 구분지어 주는 역할을 함과 동시에 서로를 소통시키는 통로의 역할을 한다.

방해정

방해정放海亭은 선교장의 별서別墅이다. 경포 호수에 배를 띄우고 풍류를 즐기고자 건립하였는데, 손님을 접대하는 것은 물론, 가족들도 즐겨 이용하였다.

방해정은 이의범李宜凡에 의해 처음 창건되었다. 그는 통천군수를 마지막으로 벼슬살이를 마감하고, 다음 해인 1859년(철종 10년)에 경포호 입구에 터를 잡고 정자를 지었다.

이의범은 성품이 산과 물을 좋아하여 글과 술로 당시에 이름을 날렸던 인물이다. 그는 서울에 살면서도 항상 마음은 경포호鏡浦湖에 두고 있었다. 마침내 벼슬을 마치고 경포호 어귀에 터를 잡고 방해정을 지어서 여러 시인 묵객들과 풍류를 즐기며 여생을 보냈다.

이근우李根宇는 방해정을 중건하였다. 그는 세월에 허물어지고 무너진 방해정을 새롭게 짓고 주변 솔밭을 정원으로 가꾸었다. 일제에 의해 강제로 헐린 임영관臨瀛館의 목재를 가져와 방해정을 중건하고, 주변에 수천 평

경포호 홍장암.
이근우는 경포호의 홍장암 바위에 '이가원주 이근우'라고 새겨 이 일대가 선교장의 영역임을 과시하였다.

방해정.
방해정은 경포호 어구에 있는 선교장의 별서로, 통천군수를 지낸 이의범에 의해 지어졌다.

솔밭을 조성하여 '이가원李家園'이라는 이름을 붙였다. 특히 경포 호숫가에 있는 홍장암紅粧岩 바위에 '李家園主 李根宇이가원주 이근우'라고 큼직한 글씨를 새겨 일대가 선교장의 영역임을 과시하였다.

  선교장의 남녀 주인들은 정자에 올라 앉아 경포 호수와 달을 바라보기도 하고, 호수에 배를 띄워 풍류를 즐기기도 하였다. 그리고, 선교장에서 음식을 장만하여 방해정으로 가지고 와서 손님을 접대하기도 하였다. 당시 강릉의 대표적인 부잣집인 정참봉 댁, 해운정 심언광 댁, 사천 박감찰 댁 등에서 감주와 떡, 그리고 어물 등 갖은 음식을 장만하여 함께 뱃놀이를 즐기기도 했다.[32]

배다리집 사람들의
경영철학과 문화

안채 뒷담 밖에서 바라본 풍경.

1. 나눔과 상생의 경영철학

선교장은 조선 후기의 대표적인 부잣집이었다. 부자가 존경을 받기 위해서는 세 가지 조건이 필요하다. 첫째, 재산을 모으는 방법이 정당해야 한다. 둘째, 재산을 행사하고 유지함에 있어서 구성원들에게 원망을 듣지 않고 타인에게 피해를 주지 않아야 한다. 셋째, 재산을 사용함에 있어서 사회적으로 유익한 가치가 있어야 한다. 만석꾼으로 불리며 대장원大莊園을 경영했던 선교장은 그들만의 경영철학이 있었다. 실리경영, 나눔과 상생경영, 공익경영이 그것이다.

실리경영

조선은 사士·농農·공工·상商의 나라였다. '사농공상'이란 말은 단순히 직업을 구분한 것이 아니라 그 직업에 상응하는 신분을 뜻하기도 한다. 사·농·공·상은 사람이 살아가는 데 필요한 직분으로, 그를 위한 이利를 취할 수 있어 천리天理에 합당한 것으로 간주되었다. 조선시대에 직업은 신분과 밀접한 연관이 있었기 때문에, 유학자들은 신분을 상하, 귀천으로 나눌 뿐만 아니라 직업 또한 상하, 귀천으로 구별했다. 이는 신분의 귀천이 직업의 귀천을 결정하며, 직업의 귀천이 곧 신분의 귀천으로 나타난다는 것이다.

선교장은 사士, 즉 양반이라는 명분보다는 경제적 이익이라는 실리를 선택하였으며, 과감하게 염전의 경영을 통해 부를 쌓아 나갔다. 안동권씨 부인과 이내번李乃蕃 모자는 강릉지역의 토호土豪들이 명분 때문에 의도

적으로 멀리한 염전업을 시작하였다. 소금과 염업은 인간의 생명 유지와 국가의 존립과 직결될 만큼 중요한 것이었다. 특히 안동권씨는 시가媤家인 충주에서 한강을 통해 소금이 유통되는 과정을 목격하면서 소금의 경제성에 주목했을 것이다. 서해안에서 생산된 소금이 한강의 수로를 따라 선박으로 충주로 옮겨 와 내륙지방으로 유통되는 과정을 알고 있었으리라 생각된다.

이내번은 현재 강릉의 병산동과 견소동에 걸쳐 있는 전주봉全州峰 아래서 염전을 경영하였다. 강릉에는 선교장의 염전 경영과 관련된 다음과 같은 이야기가 전해지고 있다.

강릉 지방의 속담에는 모든 일이 잘될 때를 가리켜 '전주 염전 되듯'이라고 한다. 동해안의 모든 염전은 바닷물을 사람이 퍼 와서 논에 붓고, 물이 증발하여 염도가 높아지면 솥에 넣고 끓여서 소금을 만들었다. 전주봉

뒷산에서 내려다본 선교장.(pp.138-139)
만석꾼으로 불리며 대장원을 경영하였던 선교장은 실리경영, 상생경영, 나눔경영 등 그들만의 경영철학이 뚜렷했다.

입구에서 바라본 선교장.
선교장은 금강산과 관동팔경으로 가는 길목에 자리하여 과객들을 후하게 대접하였다.

염전에는 바닷물이 파도에 밀려와서 나가지 않게 되어 있어서 그 물을 졸여서 소금을 만들었다. 옛날 이 땅이 전주 사람의 땅으로 매년 도지賭地를 받아 갔다.[33]

조선 후기에 들어서면서 소금의 수요는 급증하였다. 전주봉 염전에서 생산된 소금은 강릉지역뿐만 아니라 대관령을 넘어 진부, 평창까지 판매되었다. 특히 평창의 대화장大和場은 조선 후기 전국 십오대十五大 장시場市 가운데 하나로 소금 유통량이 상당하였다. 선교장은 이렇게 소금으로 얻은 경제력으로 전답을 구입하였다.

이내번은 또 독특한 농업경영 방식을 통해 경제력을 확대해 나갔다.[34] 염전 경영을 통해 확보된 자금을 바탕으로 상당 규모의 전답을 마련하고 이를 효율적으로 경영하였다. 첫째, 새로운 농업기술을 적극적으로 도입하였다. 그는 벼를 옮겨 심는 이앙법移秧法을 다른 지역보다 일찍 받아들였다. 그리고 밭을 논으로 전환하는 반답反畓의 방법을 채택하였다. 밭농사보다는 논농사가 수익이 더 많았기 때문이다. 둘째, 개간開墾을 통해 새로운 농지를 확대하였다. 처음부터 값비싼 옥토沃土를 매입하여 농지를 늘려 나가는 것이 아니라 개간을 하여 소유 농지를 늘려 나갔다. 개간하는 땅은 대부분 주인이 없는 무주지無主地여서, 소유권을 확보할 수 있을 뿐만 아니라 세금이 면제되었다.

이처럼 선교장은 명분과 체면을 중요시하는 사회적 논리가 아니라 실질적으로 이익을 가져다 주는 경제적 논리를 바탕으로 대장원大莊園을 경영하였다.

나눔과 상생경영

선교장의 상생경영은 함께 일하고 함께 나눈다는 공생의 원칙에서 비롯했다. 먼저 과욕을 경계하였다. 선교장이 만석꾼이라는 칭호를 듣기 시작한 것은 이후李厚 때 부터이다. 그는 지속적인 풍년을 기반으로 마침내 선교장을 만석꾼의 대장원으로 성장시켰다. 그리고 자신이 이루지 못한 과거 급제의 한을 두 아들이 풀어 주었다. 만석꾼이라는 경제적인 부富와 아들의 과거 급제라는 사회적인 명예를 얻은 이후는 스스로 과욕을 경계하였다. 스스로 자신의 이름을 면조冕朝에서 후厚로 바꾸었는데, 이는 더

뒷산 담 밖에서 내려다본 선교장. 선교장의 토지경영은 철저하게 인정을 바탕으로 소작인과 공생하는 방식을 채택하였다.

이상의 과욕을 경계하기 위해 '모든 것이 이미 가득찼다'는 의미로 이름을 '두터울 후厚'로 바꾼 것이다. 지나친 부의 축적은 오히려 재앙이 될 수 있다는 경계를 자신과 후손들에게 보여 주기 위해, 사대부 가문에서 반드시 지키는 것이 일반화되어 있는 항렬자行列字의 사용을 포기하면서까지 이름을 바꾼 것이다.

그리고, 자손들에게 바른 방법으로 재산을 일으켜 그것을 나눌 것을 유언으로 남겼다.

"내 나이 삼십에 재산을 일으켜서 쌓아 둔 것이 매우 많으나 마음 좋게

손수 나누어 베풀지 않은 것은 너희들이 본 바대로이다. (중국 춘추시대의) 범려范蠡가 재산을 세 번 이루어 세 번 나누었다 하였으니, 그 지혜는 따라갈 수가 없다. 무릇 사람들이 재산을 일으킴에 있어, 올바른 도리에 따르면 일어나고 도리에 거스르면 망한다. 사람이 나누지 않으면 하늘이 반드시 나눌 것이다. 만약 하늘이 나눈다면 먼저 화를 내릴 것이니 삼가지 않을 수 있겠느냐."[35]

강릉 선교장의 토지경영은 철저하게 인정人情을 바탕으로 소작인小作人과 공생하는 방식을 취했다. 솔거노비率居奴婢를 이용하여 일부 토지를 직접 경작하기도 했지만, 대부분의 토지는 소작인에게 대여하여 그 지대地代를 징수하는 지주제로 경영하였다. 소작인의 선정과 경영에 가장 중요한 기준은 그들의 생활 안정과 경제적 독립이었다. 적은 수의 소작인에게 많은 토지를 집중 경작시키고 정액定額으로 지대를 받는 도조법賭租法을 채택함으로써 그들의 경제적 독립을 권장하였다. 즉 소작인 본인의 성실함에 기초하여 경제적으로 독립할 수 있도록 최대한 배려하였다.

선교장은 이웃과의 공생도 추구하였다. 토지를 매입하여 농지를 확대하면서 무리한 방법을 절대 사용하지 않는 것을 원칙으로 하였다. 농지 구입을 무리하게 추진하면 농민들의 원성을 들을 수 있기 때문이다.

그리고 농지를 매입할 경우, 소유주가 자신이 판 농토를 소작하고자 하면 허락하는 것이 관례였다. 흉년 등으로 농지를 팔지 않으면 안 되는 불가피한 상황으로 몰린 농민들은 당장 농지를 팔아야 하지만 그 이후 생계 대책은 막막한 경우가 대부분이었다. 선교장에서는 농지를 구입해 줌과 동시에 그들에게 소작을 허락함으로써 생계 유지를 위한 대책을 마련해 주었다.

선교장은 과객過客을 후하게 대접하였다. 선교장은 관동팔경과 금강산으로 가는 길목에 자리하고 있었기에 일 년 내내 과객들로 넘쳐났다. 선교장에는 이들을 접대하기 위한 소반이 삼백여 개나 있었으며, 손님들이 떠나갈 때 옷을 한 벌씩 지어 주기 위해 바느질을 하는 침방針房을 따로 운영할 정도였다.

공익경영

"돈을 버는 것은 기술이고, 돈을 쓰는 것은 예술이다"라는 말처럼, 선교장은 돈을 사용하는 데 공익을 우선하는 원칙을 지켰다. 개인보다는 공익을 우선함으로써 '노블레스 오블리주noblesse oblige' 즉 높은 신분에 상응하는 도덕적 의무를 실천하였다.

먼저, 선교장은 나라를 우선하는 경영을 하였다. 조선말 나라가 위기에 처했을 때 선교장은 나라를 회생시킬 방안에 대해 고민하였다. 이근우李根宇는 나라의 위기는 교육의 부재에서 비롯한 것이라고 판단하고 근대학교인 동진학교東進學校를 설립하였다. 몽양夢陽 여운형呂運亨, 성재省齋 이시영李始榮을 비롯한 당시 최고의 신지식인들을 교사로 초빙했고, 학비를 비롯한 숙식비, 교복비, 교재비 등 전액을 선교장이 부담하면서 학생들이 학업에만 몰두할 수 있도록 했다. 그러나 일제의 탄압으로 동진학교는 강제적으로 폐교되고 만다. 여기서 배출한 인재로는 최찬익崔燦翊, 권오석權預錫, 조규대曺圭大와 장남 이돈의李燉儀 등이 있으며, 그 당시에 부르던 애국가와 행보가行步

선교장 태극기.
이 태극기는 이근우가 세운 동진학교에서 사용했던 것으로 추정된다. 일제통치 기간 중에 깊숙한 곳에 간직했다가 광복과 더불어 빛을 보게 되었다.

활래정 대청에서 내다본 풍경. 선교장은 전국 최고의 문화공간이었다. 특히 활래정은 전국의 명사들이 모여드는 풍류공간이었다.

歌, 체육가體育歌 등이 지금도 전해 오고 있다.

선교장은 지역 빈민들을 적극적으로 구제하였다. 이 빈민 구제는 이의범李宜凡에 의해 시작되었다. 그는 생원시에 급제한 다음 음사蔭仕로 예빈시禮賓寺 참봉參奉이 되어 관직생활을 시작하였다. 그리고 1850년(철종 1년)에 청안현감淸安縣監을 거쳐 1853년 통천군수通川郡守가 되었다. 그는 통천군수로 재직하면서 흉년이 들어 백성들이 굶주리자 선교장 창고에 있는 수천 석의 쌀을 내어 백성들을 구휼하였다. 통천군민들은 군수의 이같은 선정善政을 칭송하였고, 그 명성은 백성들에 의해 강원도 전역으로 퍼졌다.

나라에서는 대대로 선교장 주인을 지방 수령으로 임용하였다. 이들에게 지방관을 맡기면 흉년이 들었을 때 선교장 창고에 있는 수천 석의 쌀을 풀어 구휼하는 전통을 알고 있었다. 따라서 이의범이 통천군수를 지낸 이후 이회숙李會淑은 흡곡현령歙谷縣令을 지냈으며, 이회원李會源은 강릉부사江

陵府使를 역임하였다. 그리고 이근우李根宇는 1907년 선교장이 있는 강릉 정동면丁洞面의 면장面長으로 임용되었다. 해방 이후 이기재李起載가 강릉시장이 된 것도 지방 수령을 담당했던 선교장의 전통을 계승한 것이라 할 수 있다.

또한, 선교장은 문화예술인을 적극적으로 후원하였다. 서울로부터 멀리 떨어진 강릉은 수준 높은 중앙의 문화와 예술을 접할 기회가 제한적일 수밖에 없었다. 선교장은 강릉이 대관령을 넘어 관동팔경과 금강산 유람의 길목에 자리하고 있다는 지리적 특성을 적극적으로 활용하여 전국의 풍류객이 모여들 수 있도록 활래정活來亭과 같은 풍류공간을 만들고, 과객들에게 후한 대접과 함께 여행에 필요한 편의를 제공하였다. 이들이 남긴 문화예술품은 당시 최고 수준이었으며, 이들을 통해 중앙과 소통할 수 있는 길도 열리게 되었다.

그리고 가난한 문화예술인의 후견인 역할도 하였다. 문화예술인이 자신들의 창작에 몰두할 수 있도록 숙식을 무한정으로 제공하였으며, 그들은 선교장에서 전국의 문화예술인과 교유하면서 오직 자신의 창작활동에만 전념할 수 있었다. 평안남도 중화군中和郡 상원祥原 출신의 소남少南 이

별채 초가.
선교장은 기와집인 본채와 초가집인 별채가 조화를 이루고 있다.

희수李喜秀는 선교장에 오래 머물면서 창작활동과 후진양성에 전념하였다. 그가 선교장에 머물게 되면서 윤순尹淳, 이광사李匡師, 조광진曺匡振으로 이어진 필맥이 관동지방에 전수되었다. 그리고 해강海岡 김규진金圭鎭, 만재晩齋 홍낙섭洪樂燮, 계남桂南 심지황沈之潢, 석재石齋 최중희崔中熙, 만신晩信 최상찬崔相瓚, 송호松湖 홍종범洪鍾凡 등과 같은 명필이 관동지방에서 탄생할 수 있었다. 권돈인權敦仁의 필맥을 이은 차강此江 박기정朴基正도 선교장에 오래 머물렀다. 강원도 평창 도암道巖에 우거寓居하던 그는 선교장 대주 이근우로부터 능력을 인정받아 오랜 세월 선교장에 머물렀다. 그의 작품은 선교장에 가장 많이 남아 있다.

2. 정원과 조경의 아름다움

누정

선교장에는 정원과 누정樓亭이 있다. 활래정과 녹야원, 그리고 방해정이 그것이다. 활래정은 선교장으로 들어오는 입구에 연못을 파고 정자를 지어 만든, 외부 손님을 위한 정자이다. 녹야원은 선교장의 주인과 가족을 위한 초옥으로, 열화당悅話堂 후원 화계花階 상단에 자리하고 있다. 그리고 방해정은 경포호鏡浦湖를 감상할 수 있는 송림 속에 조영된 선교장의 별서別墅이다. 이들 누정은 선교장의 멋과 풍류의 상징이다.

활래정

활래정活來亭은 은둔하는 선비가 발을 씻는 모습이다. 연못 속에 네 개의

멀리서 바라본 활래정. 활래정은 '끊임없이 활수가 흘러 들어오는 정자'라는 의미로, 평온하고 경건하게 살고자 했던 선교장 사람들의 마음이 깃들어 있다.

돌기둥을 세우고 그 위에 건물을 올렸다. 그 모습은 시원한 계류에 탁족濯足, 즉 발을 씻는 선비의 모습을 떠올리게 한다. 탁족은 『맹자孟子』에 나오는 "창랑의 물이 맑으면 내 갓끈을 씻을 것이요, 창랑의 물이 흐리면 내 발을 씻으리滄浪之水淸兮 可以濯我纓 滄浪之水濁兮 可以濯我足"라는 구절에서 유래하였다.36) 이근우李根宇가 탁족하는 모습의 정자를 만든 것은 자연 속에 묻혀 초연하게 살아가겠다는 자신의 의지를 반영한 것이다.

조인영趙寅永이 쓴 「활래정기活來亭記」에는 활래정의 내적인 의미가 잘 담겨 있다.

"대개 주자朱子는 마음을 물에 비유하였다. 물은 진실로 비어 있는 영역이다. 지금 그대는 진실로 이렇게 투명하고 잔잔한 것으로써 살아 있는 물이 되라. 또한 물로써 이름을 삼는 것은 모두가 살아 있는 것이다. 샘은 흘러 쉬지 않고 우물은 써도 마르지 않으며, 강과 바다는 거대하여 파도가 갖가지 모습으로 나타나니, 살아 있지 않으면 물이 될 수가 없다."

활래정 대청에서 내다본 연못.
활래정에서 바라보는 사계절의 풍경은 방안으로 밀려 들어와 인간과 자연을 하나로 만들어 준다.

활래정 겨울 풍경.
눈 덮인 활래정은 고요와
정적으로 내면의 시정詩情을
자극한다.

연못이 맑은 것은 근원으로부터 끊임없이 물이 흘러 들어오기 때문이다. 이처럼 사람의 마음도 항상 맑기 위해서 부富와 명예名譽, 권력權力 등에 집착하지 않고 언제나 새로운 것을 받아들일 수 있는 초탈함과 깨끗함이 있어야 한다는 것이다.

활래정에서 바라보는 사계절은 시정詩情을 자극하여 숱한 시詩·서書·화畫를 남겼다. 활래정에 앉아 문을 모두 열어 놓으면 주변의 풍광은 방 안으로 밀려들어 와 인간과 자연이 일체가 된다.

녹야원

열화당에는 화계花階 형태의 후원이 있다. 이후李垕는 열화당 뒷동산에 지형을 이용하여 자연스럽게 삼단의 화계를 만들었다. 이곳에 계절을 알려주는 각종 나무와 꽃들을 심었다. 가장 아랫단에는 배롱나무가 삼백 년 가까운 선교장의 역사를 지키고 있고, 왼쪽에는 최근에 심은 향나무와 박태기나무가 자리하고 있다. 가운뎃단에는 계수나무와 함께 나이 든 떡갈나무가 있다. 그리고 가장 윗단에는 초옥草屋 녹야원麗野園이 자리하고 있다.

녹야원 주변은 정자의 이름과 마찬가지로 온통 원추리꽃麗으로 가득하

녹야원.
초옥의 형태로 세워진 녹야원은
자연과 더불어 살고자 했던
선교장 사람들의 모습을 닮았다.

다. 원추리꽃은, 임신한 여자가 이 꽃을 차고 다니면 꼭 아들을 낳는다고 해서 익남초益男草라 부르기도 하였다. 선교장은 대대로 자손이 귀하여, 자손의 번창을 기원하면서 정자 이름을 '녹야원麓野園'이라 하였다.

한편, 선교장 뒷산 가장 높은 곳엔 팔각정八角亭이 있었다. 이후는 육백여 년을 자랑하는 소나무숲 속에 문이 없는 개방형의 팔각정을 지었다. 따라서 팔각정에 올라서면 넓은 경포 호수 전체가 시야에 들어오고, 송림 사이로 동리를 굽어볼 수 있었다. 그리고 교당마당을 비롯한 선교장 전체가 한눈에 들어왔다.

방해정

선교장의 별서別墅인 방해정放海亭은 경포호의 뛰어난 경관을 가장 잘 감상할 수 있는 곳이다. 방해정에서 호수를 바라보면, 안으로는 호수가 초승달처럼 정자를 감싸 안는다. 경포호 밖에는 티끌 하나 보이지 않는 망망한 동해바다가 열려 있다. 고개 들어 멀리 서녘을 바라보면 백두대간白頭大幹이 하늘과 경계를 이루며 북쪽에서 남쪽으로 달려가고 있다. 특히 정자를 감싸 안고 있는 소나무는 호위병과 같다. 이의범李宜凡은 방해정 상량문上樑文에, 방해정에 올라 동서남북, 그리고 상하의 여섯 방향으로 바라보는 경치를 노래하였다.37)

동

鬱陵孤島渺茫中　울릉 외로운 섬이 아득히 바다 가운데 있구나
有時笙管曲終曉　때때로 생황과 피리 소리가 새벽까지 들리고
海上數峰靑不窮　바닷가 몇몇 봉우리에는 푸른빛이 가득하구나

서

重峰層巒天半齊　첩첩이 이어진 산봉우리들은 하늘과 나란하고
出沒孤烟生遠樹　홀연히 나타난 한 줄기 연기는 멀리 나무 위에서 생겨나고
蒼蒼斜日下山低　멀리 기울어 가는 해는 산 아래로 내려가네

방해정.
방해정에 올라 바라보는 경치는 선경仙境이다.

남
島竹亭松碧似藍　　　섬의 대나무와 정자의 소나무는 쪽빛으로 푸르르고
微風鐘磬寒山寺　　　잔잔한 바람을 타고 종소리 울려 퍼지는 한산사에는
遙憶孤僧曉禮參　　　아련한 기억 속의 외로운 중이 새벽 예불 드리겠구나

북
鸞笙殿址草如織　　　난생전 터의 풀들은 베를 짠 듯하고
四仙一去今何在　　　한번 왔다 간 네 신선은 지금은 어디에 있나
丹竈風凄劫火熄　　　단약 빚던 아궁이엔 바람만 서늘하고 불기운이 없네.

상
五雲開處儼仙仗　　　오색구름 열리는 곳에 지팡이 짚은 의젓한 신선
玉樓咫尺攀不得　　　옥루가 지척인데 올라가지 못하고
望美人兮意怊悵　　　미인을 우러러보니 슬프기만 하구나

하
蘭舟桂槳遂流者　　　목란 배를 계수나무 노 저어 물결 따라 흐르는 이
誰敎身在明鏡裏　　　누가 이 몸을 밝은 거울 속에 있도록 가르쳤나
白髮三千水中寫　　　백발 삼천 길이 물속에 그려져 있네

이의범은 방해정에서 신선과 같은 여생을 보냈다. 그러나 그가 별세한 후 주인을 잃은 방해정은 세월 속에 허물어져 갔다.

이근우는 세월에 무너진 방해정을 새롭게 짓고 주변 솔밭을 선교장의 정원으로 가꾸었다. 그리고 방해정에 올라 경포팔경鏡浦八景을 감상하며 선가仙家의 풍류에 빠져들곤 하였다.

岸樹庭花氣色生　　　호수 기슭 나무와 뜰 안의 꽃에 색깔이 살아났으니
請看十載費經營　　　십 년 동안 가꾸어 온 것을 보러 오시오

增修聊繼先人志	늘리고 고치면서도 선조의 뜻을 이었고
合隱方知不世情	숨어 살기 알맞으니 세속의 정서가 아니라오
千里遠來知誼重	천 리 먼 곳에서 찾아오니 정이 두터움을 알겠고
一筇經出覺身輕	지팡이 하나로 길을 나서니 몸이 가벼워짐을 느끼네
江湖亦有淸朝戀	강호에도 맑은 조정을 사모함이 있어
時自回顧望帝城	때때로 고개 돌려 황제 계신 곳을 바라보네

나무

주택에 심는 나무의 선택 기준은 나무가 가지는 상징성이다. 조선시대 상류주택에는 국화菊와 함께 사절우四節友로 불리는 소나무松, 대나무竹, 매화梅를 심었다. 이들은 꿋꿋한 기상과 변치 않는 절개를 상징하는 나무들이기에 선비들의 많은 사랑을 받았다. 이 외에도 선비의 위엄과 품위를 상징하는 회화나무, 학문 연마를 상징하는 은행나무 등이 사랑을 받았다.

선교장에 있는 나무들은 집의 나이보다 수령이 오래되었다. 집을 짓고 나무를 심은 것이 아니라, 나무가 있는 곳에 집을 지었기 때문이다. 의도적이고 계획적으로 나무를 심는 일반 주택의 조영개념과 달리, 자연 속에 선교장이 들어서서 스스로 자연이 된 것이다.

선교장의 상징, 소나무

소나무는 오랜 우리 역사와 함께해 오면서

방해정.
이의구는 방해정을 짓고, 그곳에서 신선과 같은 여생을 보냈다.

소나무와 담장.
뒷산의 소나무와 대나무,
그리고 담장은 묘한
조화를 이룬다.

선비의 절개와 지조를 상징하고 있다. 고산孤山 윤선도尹善道는 「오우가五友歌」에서 "솔아 너는 어찌 눈서리를 모르느냐. 구천에 뿌리 곧은 줄을 그로 하여 아노라"라고 하였다. 또한 소나무는 십장생十長生 가운데 하나로 장수長壽를 상징하기도 하며, 두 잎이 언제나 마주하고 있어서 음양수陰陽樹라고 불리면서 세속을 초월한 신선의 풍류와 연결되기도 한다.38)

소나무는 선교장의 상징이다. 선교장은 소나무로 지어진 집이다. 목재 가운데 가장 좋다는 강릉 한밭에서 베어 온 적송赤松으로 지었다. 특히 선교장 뒷산에는 집의 역사보다 긴 오륙백 년 된 소나무가 가득하다. 선교장이 건축되기 전부터 이곳에 자생하고 있었던 것이다. 이들 가운데 스물한 주株는 현재 강원도 보호수로 지정되어 있다.

율곡栗谷 이이李珥가 소나무를 잘 가꾸라는 뜻으로 지은 「호송설護松說」 이후 강릉의 소나무에 대한 사랑은 대단했는데, 특히 선교장의 소나무 사랑은 지극하다. 지난 2000년 동해안의 큰 산불이 강릉을 덮쳤을 때 뒷산의 소나무가 불에 타는 것을 먼저 염려했을 정도였다.

선교장 소나무.
뒷산 가득 장중하고 기품있는
소나무는 선교장의 상징이며
기상氣像이다.

학자수學者樹, 회화나무

회화나무는 괴목槐木이다. '槐괴'는 나무 목木과 귀신 귀鬼가 합한 것이다. 따라서 회화나무는 우주의 상서로운 기운을 받아들여 인간에게 전해 주는 나무로, 그 속에 신선이 깃들어 있다고 믿었다.

회화나무는 학자수이다. 생김새와 가지 뻗음이 자유롭고 기개가 있어서 선비와 같은 위엄과 품위가 있기 때문이다. 중국 주周나라 때에는 조정에 삼정승三政丞을 상징하는 세 그루의 회화나무를 심었다. 삼공三公은 언제나 회화나무 아래 모였으며, 삼공을 삼괴三槐라고 불렀다. 이후 회화나무는 학자수가 되었다. 우리나라에서도 과거시험에 응시하러 가거나 합격했을 경우 집안에 회화나무를 심었다.39)

선교장에는 입구와 열화당 옆, 그리고 선교장 뒷길에 각각 한 그루씩 모두 세 그루의 회화나무가 있다. 이 가운데 열화당 옆에 있는 회화나무는 강원도에서 가장 오래된 것으로 수령이 육백 년 이상이며, 높이 오십 미터, 둘레 오 미터에 이른다. 들어가는 입구와 뒷길 입구에 있는 회화나무도 수령이 이백 년이 넘었다. 이들 회화나무는 집지킴이로서 선교장의 긴 역사를 지키고 있다.

신선 세상의 배롱나무

배롱나무는 백일홍百日紅을 우리말로 바꾼 것이다. 붉은 꽃이 여름 내내 피어서 백일홍이라고 하는데, 중국에서는 자미화紫薇花라 하였다.

배롱나무는 신선神仙이 사는 곳에 피는 꽃나

선교장의 우경雨景.
자연 속에 들어선 선교장은
스스로 자연이 되었다.

선교장 배롱나무.
여름에 붉은 꽃을 피우는
배롱나무는 선교장을 더욱
선가仙家의 장소로 연출해 준다.

무로 알려져 있다. 나무의 특이한 모습과 아름다운 꽃 때문이다. 강희안姜希顏은 『양화소록養花小錄』에서 "비단 같은 꽃이 노을빛에 곱게 물들어 사람의 혼을 뺄 정도로 환하고, 아름답게 피어 품격이 최고이다"라고 하였다.

열화당 후원 가장 아랫단의 배롱나무는 삼백 년 가까운 선교장의 역사를 지키고 있다. 배롱나무 가지가 열화당을 덮을 정도이다. 활래정 연못 네 모서리에도 수령 백 년 정도의 배롱나무 네 그루가 심어져 있다. 여름날 연못 속에 핀 연꽃과 모서리의 배롱나무 붉은 꽃은 온통 선교장 배다리 골을 붉게 물들인다.

꽃

선교장에는 계절에 따라 꽃이 핀다. 봄에는 매화와 벚꽃, 해당화가, 여름에는 연꽃을 비롯하여 원추리꽃과 무궁화, 능소화, 백일홍이, 가을에는 국화가 핀다. 그리고 겨울에는 눈꽃이 핀다.

꽃 중의 왕, 연꽃

이후李垕는 배다리골 입구에 둑을 쌓아 물을 가두어 연못을 만들고 연꽃을 심었다. 그리고 연못 가운데 활래정을 짓고 다리를 건너다니면서 연꽃을 감상하였다. 그는 진흙 속에서도 맑고 향기롭게 피어나는 연꽃을 보며 속세에 물들지 않고 청결하고 고고하게 살아갈 것을 다짐했을 것이다.

조선시대에 연꽃은 선비를 상징하였다. 그 이유는 주돈이朱敦頤의 「애련설愛蓮說」에서 확인할 수 있다.

"물과 육지에 자라는 꽃 가운데 사랑할 만한 것이 매우 많다. 진晉나라의 도연명陶淵明은 유독 국화를 사랑했고, 이씨李氏의 당唐나라 이래로 세상 사람들이 매우 모란을 좋아했다. 나는 유독, 진흙에서 나왔으나 더러움에 물들지 않고, 맑고 출렁이는 물에 씻겨 깨끗하나 요염하지 않고, 속은 비어 있어서 통하고 밖은 곧으며, 덩굴도 뻗지 않고 가지를 치지 아니하며, 향기는 멀수록 더욱 맑고, 꼿꼿하고 깨끗이 서 있어 멀리서 바라볼 수는 있으나 함부로 가지고 놀 수 없는 연꽃을 사랑한다. 내가 말하건대, 국화는 꽃 중에 속세를 피해 사는 자요, 모란은 꽃 중에 부귀한 자요, 연꽃은

활래정 연꽃.
선비를 상징하는 연꽃을 보며,
선교장 사람들은 스스로 군자가
되고자 다짐했을 것이다.

봄 풍경.
봄이면 선교장은
온갖 꽃 속에 묻힌다.

꽃 중에 군자君子다운 자라고 할 수 있다. 아, 국화를 사랑하는 이는 도연명 이후로 들어 본 일이 드물고, 연꽃을 사랑하는 이는 나와 함께할 자가 몇 사람인가. 모란을 사랑하는 이는 마땅히 많을 것이다."

이처럼 선교장 사람들은 활래정 연못에 핀 연꽃을 보면서 스스로 연꽃과 같은 군자君子가 되고자 노력했을 것이다.

봄을 알리는 매화

매화는 일 년 중 가장 먼저 피는 꽃이다. 겨울이 지나고 봄이 오는 길목에 매화가 핀다. 눈발이 흩날리는 늦겨울에 청초한 꽃과 그윽하면서도 매혹적인 향기를 내는 매화는 화중제일화花中第一花로 인식되었다.

옛사람들은 매화를 심을 때 늘 바라보는 창문 앞이나 오고 가는 대문, 사랑채로 향하는 통로에 심었다. 선교장의 매화도 안채에서 활래정으로 가는 길에 심어져 있다. 선교장 주인 이돈의李燉儀는 활래정에서 기생들과 연회하는 모습을 안채에서 보지 못하도록 안채와 활래정 사이에 매화를 가득 심었다고 한다.

우봉이씨의 영산홍

선교장 영산홍映山紅에는 사연이 있다. 선교장 주인 이돈의와 혼인한 우봉이씨는 참봉 이석구李錫九의 딸이다. 우봉이씨는 당시 서울에 거주하고 있

배다리집 사람들의 경영철학과 문화 161

영산홍.
여인의 외로움을 상징하는
영산홍은 이돈의의 부인
우봉이씨의 사연을
간직하고 있다.

해당화(p.163).
선교장의 해당화는 성기희가
심은 것으로, 그녀는 해당화를
보며 그리운 님을 기다리며
살았다.

던 최고의 벌열閥閱 가문이었다. 서울에서 태어나 자란 그녀는 십사 세 되던 해에 선교장 맏며느리로 시집을 왔다. 혼인 첫날밤을 지내고 다음날 친정집을 떠나 강릉 시댁으로 가야 하는데, 방에서 나오지 않고 울고만 있었다. 친정 부모님과 하인들도 함께 울어서 집안은 온통 울음바다가 되었다. 이때 친정 어머니가 앞마당에 피어 있던 영산홍을 캐서 작은 항아리에 담아 가마에 넣어 주었다. 그제야 새색시는 울음을 그치고 가마에 올랐다. 오늘도 선교장 바위 틈에는 우봉이씨의 진분홍 영산홍이 피고진다.

성기희의 해당화

동해안에는 해당화海棠花가 핀다. 장미과에 속하는 해당화는 바닷가의 모래땅이나 산기슭에 군락을 형성하면서 자라며, 오월에서 칠월에 걸쳐 붉은 꽃을 피운다.

선교장에도 해당화가 핀다. 종부 성기희成耆姬가 심은 것이다. 성기희는 결혼 기념으로 금강산과 원산의 명사십리明沙十里를 여행하였다. 그때 명사

원추리꽃.
녹야원 원추리꽃은 선교장에 자손이 번창하기를 기원하는 의미를 담고 있다.

 십리 바닷가에 핀 해당화가 인상적이어서 선교장으로 돌아와 해당화를 대문 행랑채 앞에다 심었다고 한다.
 해당화는 그리움의 상징이다. 만해萬海 한용운韓龍雲은 「해당화」라는 시에서 그리움을 노래했다. 성기희도 해당화처럼 그리운 님을 기다리며 살았다. 성기희가 세상을 떠난 뒤에도 해당화는 변함없이 초여름이 되면 꽃을 피운다.

녹야원의 원추리꽃

열화당 후원에는 초옥草屋 녹야원麓野園이 있다. 이름을 녹야원이라 한 것은 주변에 원추리꽃麓이 많았기 때문이다. 원추리꽃은 선교장에 자손이 번창하기를 기원하는 의미를 담고 있다.
 원추리꽃은 최근 녹야원을 복원하면서 다시 심기 시작했다. 화계花階의 형태로 된 열화당 후원 가장 높은 단에 여름이면 원추리꽃이 피어난다.

선교장의 나라 사랑, 무궁화

무궁화는 우리나라의 국화國花이다. '무궁無窮'은 꽃이 끝없이 핀다는 뜻이다. 무궁화는 아침에 피었다가 저녁에 지는데, 꽃이 피는 기간은 다른 어떤 꽃보다도 길다. 그래서 꽃 이름이 무궁화가 된 듯하다. 무궁화가 정식으로 우리나라 국화가 된 것은 1900년대 초이다. 이후 「애국가」의 후렴구에 무궁화가 등장하면서 국민들의 가슴속에 나라 꽃으로 자리잡게 되었다.

활래정 연못의 울타리는 무궁화다. 1908년 강원도 최초의 사립학교인 선교장의 동진학교東進學校가 일제에 의해 강제 폐교되어 영동지방에서 젊은 애국 인재의 양성이 불가능해졌는데, 당시 동진학교를 설립하였던 이근우李根宇는 그 울분을 참으며, 나라 꽃 무궁화를 사당 앞에 두 그루 심었다. 그리고 1945년 해방이 되자 이돈의는 사당 앞 무궁화나무에서 묘목

벚꽃.
벚꽃은 매화와 함께 봄을 알리는 전령이다.

을 얻어 선교장 입구에 있는 활래정의 울타리로 무궁화를 심었다.

선교장에 건립되었던 동진학교의 창가집에는 「애국가」가 수록되어 있다. 현재 우리나라 「애국가」는 작사가가 알려져 있지 않은데, 동진학교 창가집 「애국가」는 작사가가 명기된 유일본이다. 작사가는 이상준이며, 후렴은 윤치오尹致旿로 되어 있다.

열화당 사랑마당의 능소화

능소화凌霄花는 선비를 상징한다. 옛날에는 능소화를 양반집에만 심을 수 있었다는 이야기가 전해져 '양반꽃'이라 부르기도 하였다.

열화당 마당에는 능소화가 있다. 한옥의 마당은 비워 둔다는 원칙을 깨면서 심어 놓은 이 능소화에는 사연이 있다. 백여 년 전 충청도에 사는 선

능소화.
선교장에 머물렀던 충청도 선비가 보내온, 열화당 마당의 능소화는 우정과 신의의 상징이다.

비 한 분이 금강산과 관동팔경을 유람하면서 선교장에 머물렀다. 그는 충청도 고향집에 있는 능소화 자랑을 하면서 후일 다시 강릉에 올 일이 있으면 한 그루 가져오겠다고 약속하였다. 그 당시 강릉지방에는 능소화가 없었다. 세월이 한참 지나 충청도 선비는 사람을 시켜서 능소화를 보내왔다. 먼 길을 오는 동안 능소화가 말라죽지 않도록 낮에는 자고 밤을 이용해서 물을 주어 가며 가지고 왔다. 그 고마움과 지혜에 감탄한 선교장 대주 이근우는 능소화를 대문 밖이 아닌 열화당 사랑마당에 심도록 하였다.

열화당 마당의 능소화는 우정과 신의의 상징이다. 이 능소화는 몇 차례 폭설로 큰 가지가 부러져도 새로운 가지가 올라와 아직까지도 그 자리에서 꽃을 피운다.

3. 시詩와 서書의 풍류문화

시문詩文

선교장은 이 지역 풍류의 중심이었다. 멀리 구름 아래 산이 있고, 그 아래 동해바다와 경포 호수가 있다. 뒷산에는 소나무가 병풍처럼 선교장을 감싸 안고, 연못에는 연꽃이 가득하다.

조선시대 풍류객의 가장 큰 소망은 금강산金剛山과 관동팔경關東八景을 유람하고 그 감흥을 시詩·서書·화畵로 남기는 것이었다. 선교장은 관동팔경의 중심에 있었으며, 지리적으로 금강산으로 가는 길목의 출발점이었다. 대관령을 넘어와 일단 선교장에서 잠시 머물면서 금강산으로 가는 여러 가지 편의를 제공받으며 선교장에 머물렀던 시인 묵객들은 그들의 풍류를 시문詩文으로 남겼다.

선교장 주인의 시문

선교장에 남아 있는 시문은 선교장 주인의 것과 외부 손님의 것으로 구분된다. 선교장 주인들도 모두 풍류를 즐기는 시인 묵객이었다. 이내번李乃蕃의 고조부인 동은東隱 이성李惺은 문과에 급제하여 이조참판과 부제학을 지낸 인물로, 시문을 즐기는 가문의 전통을 만들었다.

선교장 주인의 시문 가운데 이후李垕와 이근우의 시문은 문집『오은유고鰲隱遺稿』와『경농유고鏡農遺稿』로 간행되었다. 특히 이후의 문집인『오은유고』는 1909년에 활래정에서 석판인쇄로 간행되었다. 이는 우리나라 최초의 개인문집 석판인쇄본으로 일컬어진다. 선교장의 인쇄문화에 대한 선각적인 의식은 오늘날 열화당 출판사로 그 맥이 이어지고 있다. 그리고 1946년에는 동은 이성과 그 아래 후, 용구, 의범, 회숙, 회원, 근우까지 일곱 명의 유고를 모아 『완산세고完山世稿』가 간행되었다.[40]

이후는 초야에 묻혀 학문과 풍류를 즐기는 고매한 선비였다. 그의 시문 가운데 활래정 낙성식落成式의 감홍을 주자朱子의 시 「곡지헌曲池軒」에 차운하여 지은 시가 있다.

知柳叢叢匝秀篁	짧은 버들 울창하게 대나무 숲을 둘러 있어
引風交翠映回塘	바람에 푸릇푸릇 연못에 비춰누나
眞源瀉得濂溪水	참된 근원 흘러오니 염계의 물을 얻어
異品栽來太乙香	뛰어난 품종 재배하니 태을의 향을 보내 오네
檻底魚吹生細浪	난간 아래 고기가 뻐끔이니 가는 물결 일어나고
雨餘蟲語送微凉	비 그친 후 벌레 소리 서늘함을 보내는데
明時謾作烟霞客	태평세월에 부질없이 강호의 객이 되어
歌酒登臨歲月長	술 마시고 노래 부르며 여기 오르니 세월만 길구나

이근우는 선교장을 전국에서 풍류객들이 모여드는 사교장으로 만들었다. 특히 창덕궁昌德宮 후원의 부용정芙蓉亭을 본떠서 활래정을 중건하고 직접 「활래정 중수기重修記」를 썼다.

"열화재悅話齋에서 십몇 무武도 떨어지지 않은 곳에 못을 팠다. 못은 네모난 것인데 몇 묘畝도 되지 않는다. 마치 북두성을 바라보듯 못 한가운데 돌을 쌓아 섬을 만드니 주먹을 쥐어 놓은 듯 작기가 되만 하다. 섬의 꼭대기를 평평하게 고르고 정자亭子를 앉히니 두세 사람도 다 들어가지 못한다. 둑에서 널빤지를 이어 조교弔橋를 만들어 오고 가게 했다.

이러한 것은 돌아가신 증조부께서 처음 만드신 것이다. 지금의 눈으로

활래정의 현판과 주련.
남아 있는 현판과 주련 시문은
선교장에 머물렀던 시인
묵객들의 흔적이다.

보면 그 구조가 화려하지 않고 소박하여 누추한 듯하니, 참으로 이것을 통해 검박한 덕을 밝게 나타내어서 우리 후손들에게 남기신 것이다. 그러나 돌아가신 조부님과 아버님은 두 분 다 벼슬길에 계셔 집을 떠나 서울에 사셨으니 그 집이며 정원과 연못을 모두 다 호수와 바다의 쓸쓸한 물가에 다 두어 버린 지가 여러 해가 되었다.…

 이에 그 정자를 옮기고 기둥 다섯 개를 세우니 물 위에다 난간을 만든 것이 하나 반이요, 언덕에 대어 아궁이를 만든 것이 둘이요, 왼쪽과 오른쪽으로 돌아가면서 굽고 꺾어서 난간을 만든 것이 또 하나 반이다. 옛터

에다 다시 대나무를 심어 섬을 그늘로 보호하게 하고 도끼로 바위를 쪼개어 사방으로 둘러 둑을 쌓으니 정자의 아름다운 모습이 물과 구름 사이에 은은히 비쳐 보였다."

활래정 마루방에는 이근우의 아들 돈의燉儀의 시가 걸려 있다. 선대가 이룩한 선교장의 가업을 자자손손 이어 가겠다는 의지가 엿보이는 시이다.

一嘯彈琴坐翠篁	휘파람과 거문고 소리 들으며 푸른 대숲에 앉으니
芰荷楊柳滿池塘	물풀과 연꽃, 버드나무가 연못에 가득하며
欲酬佳節釀新葉	좋은 계절이 주는 새 잎으로 술을 담고
每速親朋聞綴香	언제나 친한 벗을 불러 아름다운 시를 쓰도다
滿壑松濤風韻細	골짜기마다 소나무 물결이 가득하여 바람 소리 잔잔하고
晴窓梧月露華凉	개인 창가 오동나무 달빛에 이슬꽃이 서늘하네
亭前活水來源在	정자 앞에 흐르는 물도 근원이 있는 곳에서 오듯이
繼得吾家世業長	나의 집을 계승하여 대대로 가업을 이어 가리라

외부 손님들의 시문

선교장에는 전국에서 모여든 풍류객들이 남긴 시문詩文들이 가득하다. 선교장 방문객은 당시 최고의 문인들이었고, 또한 글씨와 그림에 능한 예술인들이 선교장에 와서 오랫동안 머물렀다. 특히 문인들은 이곳을 떠나면서 선교장에서 느낀 시정詩情을 한 편의 시문으로 남겼다.

선교장에 시문을 남긴 인물 가운데 운석雲石 조인영趙寅永은 헌종대에 영의정을 지낸 이로 문장과 글씨, 그림 모두에 능하였으며, 문집 『운석유고雲石遺稿』 스무 권이 전한다. 조인영은 금강산에 갔다가 돌아오는 길에 선교장에 들렀다. 이후李垕의 후한 대접을 받고 서울로 돌아온 뒤에, 그가 활래정을 세웠다는 말을 듣고 「활래정기活來亭記」를 지어 보낸다.

"오죽헌과 해운정 사이에 이사문李斯文 백겸伯謙의 선교장이 있다. 언덕이 둘러 있고 시내가 감싸 안았으며 땅은 기름져 곡식 심기에 알맞고, 과실과 채소, 열매, 물고기 들은 놓아 두고 값을 쳐서 받지도 않으며, 또한 산과 바다의 아름다움도 겸하여 갖추었다. 전에 내가 금강산에서 돌아오는 길에 경포호에 들러 백겸과 서로 만났다. 술을 들고 달밤에 배를 띄우고 그 집 문을 두들겨서 함께 즐겼다. 매번 이곳에다 땅을 마련하면 주인으로서 이끌어 주기로 약속하였다. 비록 속세에 매몰되어 마련하지는 못하였지만, 뜻은 경포호와 동해 사이에 두지 않은 적이 없다.…

모든 골짜기 물이 함께 흘러들어 넓고도 출렁거리며, 더함도 덜함도 없어 그 건너편 물가가 보이지 않으니 천하의 다시없는 뛰어난 구경거리이다. 물이 살아 있는 것이 이보다 더할 수는 없다. 하필 집의 섬돌이나 옴폭 패인 가운데에 괸 물방울 같은 것을 가지려고 하는가.

그러나 사람의 마음은 본래 살아 있지 않은 것이 없는데, 살아 있지 못할까 염려하는 것은 바깥 사물을 소유함으로 인해 누를 받음이 있기 때문이다. 벼슬살이하는 사람은 총애받지 못할까, 욕을 당하지 않을까 걱정한다. 일반 백성은 이익을 따라 다닌다. 선비는 입고 먹을 것과 배와 수레를 마련할 수 있을까 걱정한다. 백겸은 그렇지 않다."

선교장의 경관을 노래한 시문 가운데 가장 최근의 것은 우봉又峰 한상갑韓相甲의 시이다. 한상갑은 성균관대, 명지대를 거쳐 관동대학 교수로 재직하면서 『한중철학사상산고』 등의 저서를 남긴 한학자이다. 그리고

활래정 누마루 내부.
활래정 누마루에는
운석 조인영의 「활래정기」가
걸려 있다.

'강원도 서화동인회'를 조직하고 네 차례에 걸쳐 개인전을 가진 서예가이기도 하다. 그는 선교장 종부 성기희成耆姬와 관동대학에서 함께 근무한 인연으로 활래정에 시를 남겼다. 그의 시문 현판은 한학자로서의 시와 서예가로서의 글씨가 조화를 이룬 걸작으로, 1978년에 활래정에 걸렸다.

船橋深處活來亭	배다리골 깊은 곳에 있는 활래정
修竹養松四面靑	높게 자란 대나무와 소나무로 사방은 푸르고
群魚得意池中躍	고기들은 뜻을 얻어 연못에서 노닐며
隱士避塵僞外醒	세상을 피해 온 은사는 거짓으로부터 깨어난다
大關嶺上間雲起	대관령 꼭대기에는 구름이 일어나고
鏡浦臺前碧海溟	경포대 앞에는 푸른 바다 일렁이네
探勝東遊淸酒家	명승을 찾아 동쪽으로 유람하다 맑은 술 파는 집에서
眺望風景短筇停	풍경을 바라보다 지팡이가 닿아서 머무르네

활래정 현판.
시인 묵객들이 선교장에 머물면서 풍류를 즐기고, 그 감흥을 활래정 현판에, 또는 주련에 글씨로 남겼다.

서예書藝

선교장에는 서예가들의 방문도 많았다. 이들은 선교장에 머물면서 풍류를 즐기고 그 감흥을 글씨로 남겼다. 사람은 선교장을 떠나고 세상을 떠났지만, 그들의 글씨는 그때 그 감흥 그대로 선교장에 남아 있다.

조선 후기 서예가로 선교장에 글씨를 남긴 인물은 운석雲石 조인영趙寅永과 추사秋史 김정희金正喜를 비롯하여 흥선대원군興宣大院君 이하응李昰應, 소남少南 이희수李喜秀 등이 있다.

조인영이 지어 보낸 「활래정기活來亭記」는 행초서로 씌어져 활래정의 연당 쪽 정면 마루방에 걸려 있다.

추사 김정희는 선교장에 '紅葉山居홍엽산거'라고 쓴 편액을 남겼다. 김정희는 삼십 세를 전후한 시기에 금강산을 유람하였다.[41] 그는 삼십 세 때인 1815년 초의선사草衣禪師를 만나 차에 빠져들었고, 이듬해 조인영으로부터 다정茶亭인 선교장 활래정에 대한 이야기를 들었을 것이다. 그리고 조인영이 금강산을 갔던 그 길을 따라 금강산을 유람하고, 서울로 돌아오는 길에 이곳 선교장에 들러 활래정에서 차를 마시며 '紅葉山居홍엽산거' 넉 자를 남겼다. 붉은 잎으로 산에 깃들어 살겠다는 고졸한 선비의 마음이 엿보이는 글이다.

흥선대원군 이하응은 선교장과의 인연을 글씨로 남겼다. 이하응은 집권 전에 안동김씨의 세도정치 아래서 청년시절을 보내면서 김정희에게 묵란墨蘭과 서법書法을 배웠다. 김정희의 서화를 이어받은 후계자 가운데 이하응만큼 김정희를 진심으로 추숭한 제자는 드물다고 할 정도로 그는 사란寫蘭의 묘리妙理를 묻고 김정희의 글씨를 그대로 임모臨模하는 등 열과 성을 다하였다. 흥선대원군은 예서隸書에 뛰어나 스승 김정희로부터 호평을 받았다.[42]

선교장의 대주 이회숙李會淑은 흥선대원군과 친밀한 관계를 가지고 있었다. 그는 흥선대원군이 거처하던 운현궁雲峴宮을 자유롭게 출입할 수 있는 몇 사람 가운데 하나였다. 어느 날 이회숙은 대원군에게 "강릉 우리 집에 가져다 걸게 '오재당午在堂'이라는 편액을 하나 써 달라"고 청하였고, 이 때 대원군에게 받은 편액이 바로 선교장 사당의 당호이다.

소남 이희수는 눌인訥人 조광진曺匡振의 제자이다. 조광진은 당시 사람들이 '남추북눌南秋北訥'이라 하여 남쪽에는 추사 김정희요, 북쪽에서는 눌인 조광진이라고 할 만큼 김정희에 비견되는 서예가였다.

이희수가 선교장에 머물게 된 것은 관동지방의 삼청, 즉 청송靑松, 청수靑水, 청심靑心에 반하였기 때문이다. 그는 조선 말기 정쟁과 난세를 피해 전국을 유람하다가 강릉에 이르러 삼청에 반해 눌러 살게 되었다. 선교장은 바로 삼청의 중심지였다. 선교장 뒷산의 소나무가 푸르고, 앞 호수의 물이 푸르고, 선교장 사람들의 인심이 푸르렀다. 이희수는 오랫동안 선교장에 머물면서 송정, 북평, 삼척 등지에서 많은 제자들을 배출하였다. 그로 인해 관동지방의 필맥이 백하白下 윤순尹淳, 원교圓嶠 이광사李匡師, 눌인訥人 조광진曺匡振, 소남少南 이희수李喜秀로 이어져서, 해강海岡 김규진金圭鎭, 만재晩齋 홍낙섭洪樂燮, 계남桂南 심지황沈之滉, 석재石齋 최중희崔中熙, 만신晩信 최상찬崔相瓚, 송호松湖 홍종범洪鍾凡 등과 같은 명필을 낳게 되었다.[43] 흥선대원군은 이희수를 "너의 필력은 신神의 힘이라 신필神筆이다"라고 극찬을 하였다.[44]

선교장의 '仙嶠幽居선교유거'는 이희수가 흥선대원군의 부름을 받고 상경 도중에 선교장에 들러 쓴 것이다. '仙嶠幽居'는 선교장을 가장 잘 표현한 것으로, 선교장 정문인 솟을대문의 현판이 되었다.

차강此江 박기정朴基正은 이재彝齋 권돈인權敦仁의 필맥을 이은 것으로 생각된다. 권돈인은 영의정을 지낸 인물로, 서화에 능하여 김정희와 친밀하게 지냈다. 그러나 철종 연간에 안동김씨 세력에 의해 김정희와 함께 유배를 당하였다가 유배지에서 세상을 마쳤다. 따라서 권돈인의 학통과 필맥을 이은 박기정은 벼슬길에 나아가는 것이 불가능하였다.

박기정은 십칠 세에 강원도 평창 도암道巖에 우거하면서 평생 야인으로 필묵에 정열을 쏟으며 살았다. 1893년 양양 낙산사洛山寺에서 열린 전국 한시 백일장 휘호경시대회에서 장원하면서 동대문 밖에서 그를 따를 사람이 없다는 소리를 들었다. 박기정은 선교장 대주 이근우李根宇로부터 능력을 인정받아 오랜 세월 선교장에 머물면서 많은 작품을 남겼다. 지금도 열화당 창가에는 박기정의 글씨가 남아 있다.

활래정에는 현판을 비롯하여 이십여 개의 크고 작은 시판詩板들이 걸려 있다. 마루방 안에는 후손들과 문인들이 남긴 현판이 걸려 있으며, 연당 쪽에는 운석 조인영의 「활래정기」와 경농 이근우의 「활래정 중수기」가 있다. 그리고 연당의 반대편에도 세 개의 시판이 걸려 있다. 가운데는 오은 이후의 시가 행서로 씌어 있으며, 좌측에는 경농 이근우의 시, 우측에는 해서로 쓴 경미 이돈의의 시 현판이 나란히 걸려 있다. 마지막으로 남쪽에는 우봉 한상갑의 글이 걸려 있다.

선교장을 들어서서 연못 건너 활래정을 바라볼 때 가장 먼저 눈에 들어오는 서쪽의 활래정 현판은 성당惺堂 김돈희金敦熙의 글씨이다. 김돈희는 1919년 서화협회를 창립한 인물로 서화협회전과 조선미술전람회를 통해 작품을 발표하였으며, 많은 금석문金石文을 남겼다.

성당 김돈희의 활래정 현판은 두 개이다. 하나

솟을대문 현판.
선교장 정문인 솟을대문에는 소남 이희수의 '선교유거' 넉 자가 활달하게 씌어 있다.

는 부채꼴 모양의 행서 현판이다. 1925년경 찍은 활래정 옛 사진(p.59 위 사진)에 의하면, 이 현판이 연당 쪽에 걸려 있었다. 그러나 1935년경의 사진을 보면, 연당 쪽에 지금의 행서 현판으로 바뀌어 걸려 있음을 알 수 있다. 김돈희가 처음 방문했을 때 부채꼴 현판을 썼다가, 후일 다시 방문했을 때 지금의 큰 사각의 현판(p.174 아래 사진)으로 다시 쓴 것으로 생각된다.

한편 동쪽에 있는 예서체 활래정 현판(pp.170-171 사진)은 해강海岡 김규진金圭鎭이 쓴 것이다. 김규진은 평안남도 중화中和의 한 농가에서 태어나 외숙인 이희수에게서 서화의 기초와 한문을 배우고, 십팔 세에 중국으로 건너가 팔 년간 수학한 후 1893년에 귀국하였다. 특히 대필서大筆書에 뛰어났으며, 창덕궁 희정당熙政堂 벽화인〈내금강만물초승경內金剛萬物草勝

활래정의 주련과 현판.
성당 김돈희의 부채꼴 현판과 농천 이병희가 쓴 주련은 주변의 풍경과 잘 어우러져 있다.

동별당 주련.
주련은 한시나 단편적인 산문을 써서 한옥의 기둥에 걸어 놓은 것으로, 동별당의 주련은 한옥과 조화를 이루며 운치를 더한다.

景〉과 〈해금강총석정절경海金剛叢石亭絕景〉과 같은 채색화도 그렸다. 하얀색 바탕에 하늘색으로 새겨진 활래정 현판은 깊은 계곡으로부터 맑은 물이 흘러넘치는 듯 필력에 생동감이 가득하다.

활래정 현판을 가장 많이 남긴 서예가는 규원葵園 정병조鄭丙朝이다. 그는 일찍이 진사시에 합격하여 동궁시종관東宮侍從官이 되었으나 명성황후明成皇后 시해 당시 음모를 미리 알고도 방관했다는 이유로 제주도로 유배되었다가 특사로 풀려났다. 형인 만조萬朝와 함께 시문에 능하고 글씨를 잘 써서 활래정에 행서체 현판 한 개와 예서체 현판 두 개를 남겼다. 흰 바탕에 노란 글씨로 채색된 행서체 활래정 현판은 정자 남쪽에 걸려 있고, 흰 바탕에 파란 글씨로 씌어진 예서체 활래정 현판은 부채꼴 모양을 하고 있다. 횡으로 쓴 '畵中溪山화중계산'이라는 또 다른 예서체 현판은 산과 물로 둘러싸인 그림 같은 활래정의 풍경을 시적으로 표현한 것이다.

성재惺齋 김태석金台錫은 전서체로 활래정 현판을 썼다. 그는 일찍이 풍류객으로 세상에 알려졌으며, 중국과 일본을 유람하였다. 중국에 갔을 때에는 위안스카이袁世凱의 인장을 새겼고, 그의 서예 고문을 지냈다. 흰

색 판에 노란색으로 채색된 전서체 활래정 현판은 강직하고 고졸함이 느껴진다.

한편, 남쪽에 있는 '만가와晩稼窩'는 '만년晩年에 농사를 지으며 사는 집'이라는 의미로, 현판 글씨는 차강 박기정의 작품으로 추정된다.

활래정의 주련柱聯은 정자의 품격을 한층 더 높이고 있다. 주련은 한시漢詩 구절이나 단편적인 산문散文 등을 널빤지에 양각 또는 음각으로 새기거나 써서 전통 한옥의 기둥에 걸어 놓는 장식물이다. 주련의 내용은 인격 수양에 도움이 되는 것, 수복강녕壽福康寧을 기원하는 것, 아름다운 풍광을 읊은 것 등 다양하다.

활래정의 주련은 농천農泉 이병희李丙熙의 글씨이다. 이병희는 조선전람회와 조선서화협회의 회원으로 행서와 초서에 능했던 근대 서예가이다. 역사학자 이병도李丙燾의 형으로, 활래정을 중건한 이근우의 차남 경의慶儀의 장인이다. 사돈 이근우의 초청을 받아 활래정에 왔다가 주련을 쓴 것으로 추정된다. 활래정의 주련은 일반 주택의 그것과는 달리, 흰색 바탕에 아래에는 연꽃잎이, 위에는 연꽃이 새겨져 있어 매우 화려하다.

선교장에는 협문 중의 하나인 월하문月下門의 기둥에도 주련柱聯이 붙어 있다. 중국 당나라 시인 가도賈島의 시 가운데 한 구절이다. 시인 가도가 어느 날 말을 타고 가면서 「제이응유거題李凝幽居」라는 시를 짓기 시작했다.

閑居隣並少	이웃이 드물어 한가롭게 살아가고
草徑入荒園	풀숲 오솔길은 황원에 통하네
鳥宿池邊樹	새는 연못가 나무에서 잠자고
僧敲月下門	스님은 달 아래 문을 두드린다

그런데 마지막 구절인 "僧敲月下門"에서 문을 '민다推'라고 하는 것이

활래정의 현판 및 주련 배치도. 활래정에는 농천 이병희가 쓴 열여덟 개의 주련이 빙 둘러 있고, 사이사이에 여러 시인 묵객이 남긴 현판이 자리하고 있어, 운치를 더해 준다.

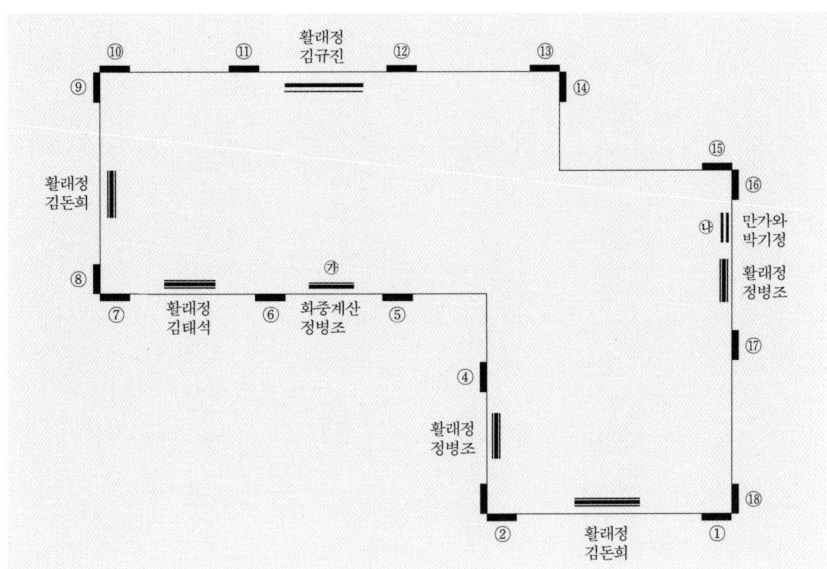

① 蓮房朝洗墨　연방蓮房으로는 아침이면 먹을 씻어내고
② 棗核夜焚香　대추씨로는 밤이면 향을 사른다.
③ 荷氣沫丹壁　연꽃 기운은 붉은 벽에 뻗치고,
④ 竹陰蘸綠天　대나무 그늘은 푸른 하늘에 잠겼다.
⑤ 繞嶼魚千里　섬을 빙 돌아서 물고기는 천리를 헤엄치고,
⑥ 巡除鶴一雙　마당을 따라서 학 한 쌍이 노닌다.
⑦ 山明神境悟　산이 수려하니 정신의 경지가 깨우쳐지고,
⑧ 林肅道心高　숲이 엄숙하니 도심道心이 높아진다.
⑨ 月華凉在水　달빛은 서늘하게 물속에 있고,
⑩ 山影淡於雲　산 그림자는 구름보다 담박하도다
⑪ 溯源看水活　근원을 거슬러 올라가 물이 싱싱함을 보고,
⑫ 拂漢寘亭孤　은하수를 스쳐 외로운 정자를 세웠다.
⑬ 煙碧瀟湘浦　안개가 푸르게 낀 소상강瀟湘江의 포구에
⑭ 州青蕊館城　고을은 푸르른 예궁蕊宮의 성城이로다.
⑮ 雲中新井臼　구름 속에서는 새로 우물 긷고 절구질하며,
⑯ 林下古衣冠　숲 아래서는 전통의 의관을 차린다.
⑰ 客來羊仲逕　손님은 양중羊仲이 거닐던 오솔길로 찾아오고,
⑱ 人在鹿柴圖　사람은 녹채鹿柴의 그림 속에 있다.

활래정 주련
활래정 주련은 이근우와 사돈을 맺은 이병희가 선교장을 방문하여 썼다. 이병희는 주련의 시를 통해 선교장의 풍광을 노래하고 있다.

1. 蓮房朝洗墨
2. 棗梜束熱香
3. 荷氣涼丹壁
4. 竹陰蕉綠天
5. 繞興魚千里
6. 巡除鶴一雙
7. 山明神境悟
8. 林面道心高
9. 月華涼在水
10. 山影淡拍雲
11. 渥源者水活
12. 拂漢賓亭孤

좋을지 '두드린다敲'라고 하는 것이 좋을지, 그만 여기서 딱 막혀 버렸다. 그래서 가도는 '민다' '두드린다'라는 두 낱말만 정신없이 되뇌며 가던 중 당대唐代의 대문장가 한유韓愈를 만났다. 이때 한유는 '민다推'보다는 '두드린다敲'가 좋다고 하였다. 이후 두 사람은 둘도 없는 시우詩友가 되었으며, 이때부터 원고를 교정하는 것을 퇴고推敲라고 하였다.

사당과 안채에는 일중一中 김충현金忠顯과 여초如初 김응현金膺顯 형제의 편액이 걸려 있다.

김충현은 일제 혼란기 속에서 각고의 노력 끝에 자신만의 예술세계를 이룩하였다. 우리글에 대한 사명감으로 1942년 궁체宮體를 바탕으로 『우리 글씨 쓰는 법』을 저술하였으며, 한글이 지닌 독특한 조형미를 발견하여 '고체古體'를 창출하여 법고창신法古創新의 귀감이 되었다.[45] 그는 선교장이 사당을 복원하자 '午在堂오재당'이라는 편액을 썼다.

김응현은 한국의 전통 서법을 계승 발전시키는 데 노력하였다. 삼국시대 이래 금석문과 고려 이후의 묵적墨跡에 대해 연구하고, 이를 중국의 그것과 비교함으로써 우리의 주체성을 확립하고자 하였다. 민족의 정기가 배어 있는 광개토대왕비廣開土大王碑의 임모臨模와 연구로 현대적 감각을 살린 독자적인 작품세계를 창출하였다.46) 김응현은 선교장의 단골 묵객이었다. 1975년 가을 선교장에 들른 김응현은 동별당東別堂에 '鰲隱古宅오은고택'이라는 편액을 남겼다.

백범白凡 김구金九는 선교장의 나라 사랑에 대한 보답으로 글씨를 썼다. 선교장은 동진학교東進學校를 개교하면서 김구와 인연을 맺었다. 일제의 탄압으로 동진학교는 비록 폐교되었지만, 선교장의 독립의지는 계속되었다. 선교장은 일제강점기 동안 상해 임시정부에 독립자금을 다양한 방법으로 제공하였다. 이같은 인연으로 광복 후에도 선교장과 김구의 관계는 지속되었다. 김구는 상해 임시정부를 수립한 지 삼십 년이 되는 1948년 4월, 선교장으로 『백범일지白凡逸志』와 글씨를 보내 왔다.

雨催樵子還家   비는 나무하는 아이가 집으로 돌아가길 재촉하고
風送漁舟到岸   바람은 고깃배를 강 언덕으로 보내도다

4. 장서藏書와 출판의 인문정신

조선시대 선비들이 해야 할 가장 중요한 일은 독서讀書이다. 다산茶山 정약용丁若鏞은 "독서는 기가起家, 즉 집안을 일으키는 근본이며, 사람에게 있어서 가장 중요한 일이자 깨끗한 일이다"라고 하였다. 선비들은 수신修身과 학문學問, 과거科擧 등을 위하여 책 읽는 일을 게을리 하지 않았다. 사대부가 선비들이 해야 할 일은 독서하고, 저술하고, 출판하는 것이었다. 선교장 역시 독서, 저술, 출판의 가장 모범적인 책문화를 실천하였다.

독서 및 장서

책은 한 시대의 문화를 대변하는 척도이다. 문예부흥기를 맞이하여 18-19세기 문인지식인층은 풍부한 독서 경험을 바탕으로 책에 대한 열정이 대단하였다. 이 시기 적극적으로 서적을 구입하여 소장하는 장서가藏書家는 세 가지 유형이 있었다. 첫째는 왕실과 국가 도서관이다. 특히 정조正祖는 지칠 줄 모르는 독서열로 규장각奎章閣을 세워 왕실과 국가 도서관을 최대의 장서가의 지위에 올려 놓았다. 둘째는 학교 도서관

열화당.
선교장은 열화당을 중심으로 독서, 저술, 출판의 책문화를 선도하였다.

이다. 성균관成均館, 향교鄕校, 서원書院 등의 교육기관은 학생들을 위한 학교 도서관을 건립하였다. 셋째는 개인 도서관이다. 개인이 자신의 독서와 자제들의 학업을 위해 서적을 구입하여 개인 도서관을 만들었다.

조선 후기에 많은 서적을 소장한 개인 장서가들이 출현하기 시작하였다. 19세기 조선의 대표적인 장서가로는 심상규沈象奎, 조병구趙秉龜, 이하곤李夏坤, 서유구徐有榘 등이었다.47) 이들은 서울에 거주하는 벌열 가문 출신이다. 이 중 조병구는 선교장을 방문하여 「활래정기」를 쓴 조인영의 조카이다. 서유구는 대구서씨로, 후손 서만순徐晩淳이 『완산세고完山世稿』 서문과 이후李垕의 묘갈명墓碣銘을 쓰는 등 선교장과 활발하게 교유하였다.

선교장은 지방에서 보기 드문 장서가이다. 서울의 유명한 장서가들과 교류하면서 서적의 구입, 감별, 수장법 등을 배워 강원도 최고의 장서가가 되었다. 선교장의 장서는 삼천사백여 권에 이르는데, 경사자집經史子集으로부터 패관소설稗官小說, 의복醫卜, 종교宗敎 서적에 이르기까지 갖추지 않은 것이 없었다.

1989년 문화재관리국의 조사 기준으로 516종, 3,340책을 소장하고 있다.48) 사부四部 분류법을 기준으로 하면 경부經部 275책, 사부史部 1008책, 자부子部 533책, 집부集部 1524책이다.

선교장 장서의 특징은 역사·지리책이 많다는 점이다. 사부史部 1008책을 다시 역사와 지리로 구분하면 역사서 977책, 지리서 31책으로 특히 역사책을 많이 소장하고 있음이 주목된다. 우리나라 역사는 물론 중국의 역사책, 서양 역사책도 소장하고 있다. 우리나라 역사책으로『용비어천가龍

동별당.
선교장의 수많은 장서는
동별당에 보관되어 있었다.

飛御天歌』를 비롯하여『고려사高麗史』『국조보감國朝寶鑑』『국조인물고國朝人物考』『동국통감東國通鑑』『동국통감제강東國通鑑提綱』『연려실기술練藜室記述』『초등대한역사初等大韓歷史』등이 있고, 중국의 역사책으로는『사기史記』『한서漢書』『삼국지三國志』『자치통감강목資治通鑑綱目』『명사본말明史本末』『동주열국지東周列國志』『명사明史』『명조기사본말明朝紀事本末』『동양사교과서』등이 있고,『비사맥俾士麥과 독일제국獨逸帝國』『동서양역사』와 같은 서양 역사서도 소장되어 있다. 이같은 역사책의 소장은 나라를 잃고 일본에 의해 식민지배를 받고 있는 당시의 시대적 상황을 반영한 것으로 생각된다.

선교장 장서에는 중국 서적이 많은데, 이는 선교장 장서의 절반에 이른다. 중국 서적은 경전과 역사서를 비롯하여 소설과 의료, 취미 등 다양하며, 중국의 최신 서적의 구입을 통해 다양한 분야의 새로운 신경향을 받아들이고자 했음을 알 수 있다.

선교장은 장서를 문중門中은 물론 지역사회에 개방하였다. 서적은 공물公物이며 사사로이 차지할 수 없는 것이라는 인식에서 모든 사람들에게 장서를 이용할 수 있도록 개방하였다. 비록 개인 도서관이지만, 일반인들에게 개방함으로써 선교장을 학문과 문화의 공간으로 만들었다. 최신 정보와 지식을 접할 수 없는 지방의 한계를 극복할 수 있도록, 선교장은 중앙의 벌열 가문들과 마찬가지로 다양한 서적을 소장함으로써 지방민들에게 최신 정보와 지식을 제공한 것이다.

책을 보고자 찾아오는 이가 있으면 정중하게 맞이하였다. 그리고 우선 소장도서 목록을 열람하도록 하였다. 소장도서 목록에는 책명 머리에 '貴귀', '稀희'라는 글자를 써 두었다. 일제강점기의 역사학자인 황의돈黃義敦이 오대산五臺山에 머물면서 선교장에 와서 소장도서를 분류해 주었다고 한다. 귀중도서는 목록 머리에 '貴귀'라고 쓰고, 희귀본에는 '稀희'라고 썼다. 『용비어천가龍飛御天歌』가 가장 귀중한 도서 가운데 하나로 분류되었다.

저술 및 출판

조선시대 선비들이 해야 할 가장 중요한 일은 독서, 그리고 저술과 출판이었다. 선비들은 당시 최고의 지식인인 동시에 풍류객이었다. 지식인으로서 독서를 통하여 학문을 익히고, 자신의 학문을 저서로 남겼다. 그리고 풍류객으로서 자신의 감흥을 표현한 시와 문장을 모아 문집文集의 형태로 출판하였다.

　선교장은 대를 이어 문집과 저서를 남겼다. 오은鰲隱 이후李厚는 문집 『오은유고鰲隱遺稿』, 그리고 『잠영보簪纓譜』 다섯 권과 『종경도從經圖』 한 권을 함께 남겼다. 그는 초야에 묻혀 학문과 풍류를 즐기는 은일지사隱逸之士로 생활하였으며, 산수를 좋아하여 국내의 명승지를 찾아 구경하고 시를 남겼다.

　이회원李會源은 강릉부사로서 동학군들과의 전투상황을 상세하게 정리하여 『동비토록東匪討錄』을 저술하였다. 그는 승정원承政院 동부승지同副承旨로 있던 1894년 동학군을 진압하라는 명을 받고 강릉부사 겸 관동소모사關東召募使로 특임되어 강릉으로 내려와 임무를 완성하고 강릉부사직에서 물러났다. 관직에서 물러난 회원은 동학군 진압과정을 역사 기록으로 남겼다. 『동비토록』은 2책으로 구성되어 있다. 32장의 1책에는 1894년(고종 31년) 4월 5일부터 5월 13일까지 동비 토벌에 관한 보고를 기록하고 있으며, 59장의 2책에는 강릉부가 1894년(고종 31년) 9월 8일부터 1896년(고종 33년) 3월 2일까지 동비를 토벌한 내용을 기록하였다. 한편, 선교장에는 동학군 토벌과 관련하여 『임영토비소록臨瀛討匪小錄』도 소장되어

뒷동산에서 건너다 본
열화당 지붕.
열화당은 1815년 이후李厚에
의해 건립된 사랑채로, 여름이면
큰대청에서 많은 손님들이 모여
시회詩會가 열리곤 했다.

있는데, 13장 1책 필사본으로 1894년 9월 3일부터 11월 22일까지 임영에서의 동비 토벌 과정이 기록되어 있다.

이근우는 『경농유고鏡農遺稿』를 남겼다. 그는 서울 재동 집에서 고향 강릉으로 내려와 즐거운 마음으로 선교장을 경영하였다. 특히 활래정活來亭과 방해정放海亭을 중수重修하고 직접 「활래정 중수기」와 「방해정 중수기」를 써서 걸었다.

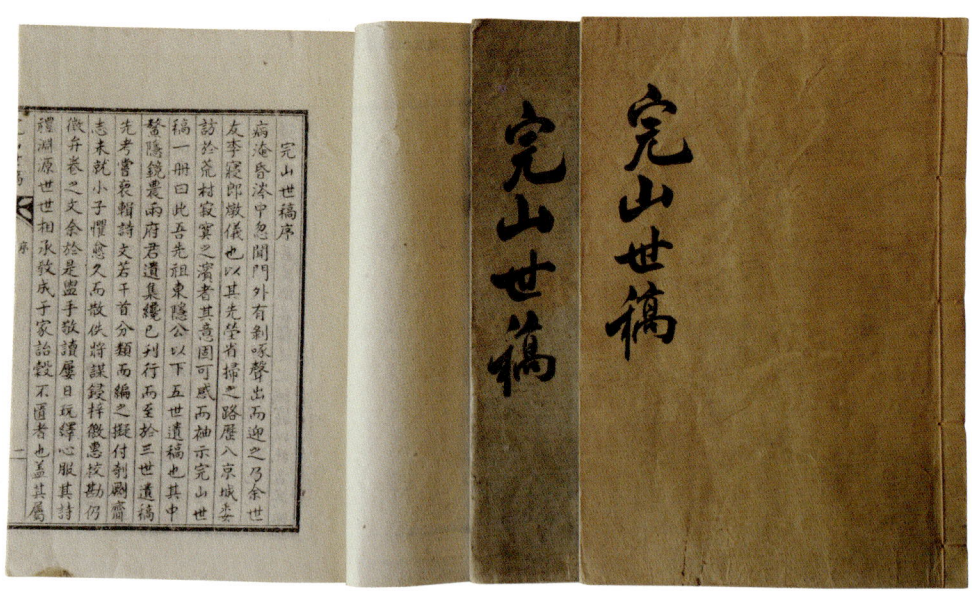

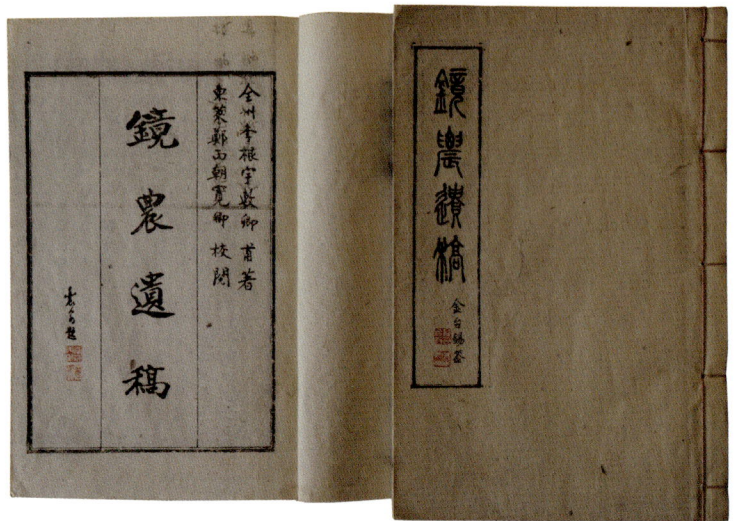

『완산세고完山世稿』.
『완산세고』는 동은공 이성,
오은공 이후, 인의공 이용구,
산석공 이의범, 흡곡공 이회숙,
승선공 이회원, 경농공 이근우의
유고를 모아 만든 문중 문집이다.

『경농유고鏡農遺稿』.
『경농유고』는 이돈의가 아버지
이근우가 남긴 시문을 모아 직접
발간한 문집이다.

이돈의李燉儀는 선조들의 유고遺稿를 모아 문중 문집인 『완산세고完山世稿』를 간행하였다. 이 책은 이조참판과 부제학을 지낸 동은공東隱公 이성李憎 등 일곱 분의 선조가 남긴 유고를 모아서 묶은 선교장의 문집이다.

선교장은 선대의 문집을 직접 인쇄하여 출판했다. 석판인쇄기를 구입하여 설치하고, 기술자를 고용하여 활래정에서 직접 인쇄, 발간하였다. 조선 후기에 목활자를 개인이 소유하여 개인문집을 발간한 예는 서울의 벌열 가문에 간혹 예를 찾아볼 수 있다. 그러나 석판인쇄를 개인이 직접 한 경우는 선교장이 최초이다. 선교장이 직접 석판인쇄를 하게된 것은 동진학교 교재 제작과 선대의 시문집을 간행하기 위한 것이었다.

이근우는 오은공鰲隱公 이후李垕의 시문을 모아서 『오은유고鰲隱遺稿』를 발간하였는데, 이는 우리나라 최초의 석판인쇄본이다.[49] 『오은유고』는 5권 2책으로 구성되어 있다. 1권에서 3권까지는 서문과 시詩를 수록하였으며, 4권에는 잡저雜著와 기記, 설說, 찬贊, 명銘, 문文 등을 수록하였다. 그리고 5권은 부록이다.

선교장의 석판인쇄는 아들 돈의에게로 이어졌다. 그는 아버지의 문집인 『경농유고』를 간행하고, 이어서 1946년 『완산세고』를 간행하였다. 『완산세고』는 52장 1책으로 구성되어 있다. 서만순徐晩淳이 서문을 쓰고, 이돈의가 발문을 썼다.

5. 차문화와 내림손맛의 전통

차茶

조선시대 사대부들은 차茶를 마시며 시詩를 읊었고, 술을 마신 뒤에도 차를 마셨다. 이는 술과 차, 시가 하나로 어우러지는 사대부 문화 가운데 하나였다. 따라서 사대부가에서는 손님을 맞이하여 인사를 나누고 차를 내오는 것이 일반적인 예의범절이었다.[50]

선교장 활래정活來亭은 우리나라 최고의 다정茶亭이다. ㄴ자형의 활래정은 온돌방과 누마루, 그리고 그 사이에 다실茶室이 있다. 온돌방과 누마루를 연결하는 복도 한켠에 한 평 남짓한 작은 방이 바로 물을 끓여 찻잎을 우려내는 다실이다. 활래정은 다실을 따로 가지고 있는 우리나라 유일의 다정茶亭이다.

활래정 연꽃.
활래정은 우리나라 최고의
다정으로, 연꽃차가 유명하다.

다기茶器와 다식.
선교장에는 연꽃차와 함께
오색다식이 전해지고 있다.

　선교장에는 야외용 차통 등 대대로 전해 내려온 다구茶具가 많이 남아 있다. 활래정에서는 부속 다실에서 우려낸 차를 차동茶童이 찻상에 내오면 주인은 그것을 손님에게 대접하며 풍류를 즐겼다.51)

　활래정에서 즐긴 대표적인 차는 연꽃차이다. 여름이면 활래정 연못에 연꽃이 가득 피었다. 연꽃은 낮이면 꽃잎을 활짝 열었다가 저녁이면 닫는다. 선교장에서는 아랫사람을 시켜 작은 모시 주머니에 찻잎을 넣어 꽃잎이 오므라드는 저녁에 꽃심에 넣어 두도록 했다. 찻잎을 품은 연꽃이 밤새 별빛과 달빛, 이슬을 머금으며 연꽃의 향기가 찻잎에 배어들게 한 것이다. 그런 다음 연꽃이 꽃잎을 여는 아침에 차 주머니를 꺼내 차를 달였다.

　차인茶人들은 차와 함께 다식茶食을 즐겼다. 철따라 나오는 재료를 사용하여 만든 다식은 차와 잘 어울리는 영양식으로 차를 즐기는 사람들의 미각을 돋우고 몸을 이롭게 하였다. 선교장에는 연꽃차와 함께 오색다식五色茶食이 전해지고 있다. 오색다식은 흑임자, 찹쌀콩, 오미자, 녹말가루, 송화가루, 인삼가루, 꿀을 사용하여 만들어 차의 맛을 더욱 풍부하게 해 준다.

　활래정에서는 조선 후기 최고의 차인茶人 추사秋史 김정희金正喜를 비롯하여 많은 시인 묵객들이 차를 마셨다. 그들 가운데 오천烏川 정희용鄭熙鎔

은 활래정에 차시茶詩를 남겼다. 당시 차를 마시며 풍류를 즐겼던 조선 후기 선비의 모습을 생생하게 느낄 수 있다.

枝枝昭花簇簇篁	가지마다 밝은 꽃과 빽빽한 대나무 들어 찼는데
主人亭子小池塘	주인은 작은 연못 속의 정자에 있네
雲收靑出千峰畵	구름이 걷히니 푸르름이 산봉우리에서 그림처럼 드러나고
雨過紅沾百草香	비가 내린 후 붉은 꽃은 젖어서인지 온갖 풀이 향기롭구나
晚帳呼童枓茶暎	느지막이 휘장 치고 동자 불러 차 한 잔 얻으니
晴欄笛客默茶沈	난간에는 퉁소 부는 객이 있어 차향 속에 잠겨 있네
笛中會得瀛洲趣	그 중에서 신선의 풍류 얻을 수 있으니
九回風烟汗溪長	아홉 번이나 티끌세상이 헛되이 긴 줄 알겠구나

음식

선교장에는 대대로 내려오는 손맛이 있다. 옛 양반 가문이 지켜야 할 가장 기본적인 일은 봉제사奉祭祀와 접빈객接賓客이었다. 조상을 지극 정성으로 모시는 봉제사만큼 손님을 진심으로 접대하는 접빈객은 가문의 명성과 직결되는 것이었다. 따라서 선교장의 종부宗婦는 때를 가리지 않고 찾아오는 손님 접대를 위해 언제나 긴장을 늦추지 못했다. 대대로 이어져 내려오는 종가의 내림음식을 철저하게 익혔다.

종부에게 전해 오는 음식에 대한 내훈內訓은 두 가지였다.[52] 첫째, 음식을 만들 때는 예술품을 창조하듯 하라는 것이다. 대대로 내려오는 내림음식을 전수하는 것에 그치지 않고, 새로운 것을 개발하도록 하였으며, 언제나 새로운 문화에 개방적이고 진취적인 자세를 가지고 음식을 만드는 데 항상 예술품을 창조하듯 최선을 다하게 하였다.

둘째, 정성된 마음과 제철의 재료, 음식에 맞는 그릇으로 삼위일체가 되어야 한다는 것이다. 음식을 만드는 데 가장 중요한 것은 만드는 사람의 정성이다. 상상을 초월할 정도로 많은 손님을 접대해야 했던 선교장이지만, 음식을 장만하는 정성에는 흐트러짐이 없었다. 그리고 음식 재료는 반드시 제철 것을 사용하였다. 어물의 경우, 비록 건어물이라고 하더라도 장이 설 때마다 주문진 어시장에 가서 장만하였다. 또한 음식에 어울리는 그릇에 그것을 담아냄으로써, 마지막까지 최선을 다하였다. 선교장에는 구첩 은반상기가 백 벌이나 되었고, 그에 따르는 은신선로銀神仙爐도 백여 개가 넘었다. 선교장의 음식 수준을 상징적으로 보여 주는 것이다.

선교장의 마지막 종부 역할을 했던 성기희成耆姬는 시어머니 우봉이씨로부터 선교장 내림손맛을 익혔다. 우봉이씨는 특히 음식 솜씨가 좋았다고 한다. 1962년 영동선 철길 개통식을 위해 박정희朴正熙 대통령이 강릉을 방문하였을 때 우봉이씨는 육십팔 세의 노구에도 불구하고 선교장 내림음식을 정성으로 대접하였다. 성기희가 1988년 서울올림픽 기념으로

메주와 장독.
선교장에는 특유의 육간장이 전해 내려온다. 진간장과 조선간장을 섞어 각종 한방 재료와 양념, 육류와 생선 등을 넣어 담그고, 항아리째 땅속에 일 년간 묻어 두었다가 간장만 떠서 몇 차례 달인 후 이 년 후부터 꺼내 먹었다고 한다.

활래정 설경.
선교장에서는 계절마다 별식을 만들어 먹었는데, 겨울에는 쇠족을 고아서 졸인 다음 양념을 섞어 식혀서 살을 발라 썰어낸 족편이 별미였다.

열린 '한국 전통음식 오천 년' 행사에 오랜 경험을 바탕으로 마련했던 선교장 전통의 구첩반상은, 한국 전통요리계의 화제가 되기도 하였다.

    집안의 음식 맛을 좌우하는 것은 장맛이다. 선교장에는 특유의 육간장이 있었다. 진간장과 조선간장을 혼합하여, 여기에 더덕, 대추, 호두, 밤, 잣, 해삼, 전복, 은행, 생강, 마늘, 파 등을 자루에 담아 넣는다. 이때 위로 뜨지 않도록 돌로 눌러 둔다. 그 위에 닭고기, 꿩고기, 쇠고기, 생선 등을 넣는데, 기름기 없는 최상품만을 골라 덩어리째로 넣는다. 그리고 이 간

　장 항아리를 땅속에 묻어 두었다가 일 년이 지난 후 간장만 떠서 달인다. 달이기를 몇 번 반복한 후 이 년이 지나면 꺼내 먹기 시작한다.[53]

　선교장 계절 별식도 빼놓을 수 없는 별미 중 하나다. 봄, 여름, 가을, 겨울 계절에 따라 먹는 음식을 시절식時節食이라 하였는데, 선교장에서는 봄에는 참두릅꽃이, 여름에는 냉채, 가을에는 송이산적, 겨울에는 족편을 만들어 먹었다.

　선교장의 대표적인 음식 중 하나는 전치소이다. 겨울에는 꿩, 여름이나 가을에는 닭을 재료로 사용하였다. 우선 머리 부분을 떼어 버리고 다리를 떼어내 불고기 양념을 발라 가면서 숯불에 굽는다. 몸통도 같은 방법으로 굽는다. 닭이나 꿩의 다리는 젓가락으로만 먹기가 불편하므로, 손에 기름이나 양념이 묻지 않도록 한지를 감는다. 이때 한지는 다홍, 노랑, 파랑 등 세 가지 물감을 들인 것을 사용하여 차례차례 삼단으로 감아 장식을 겸한다.

선교장 음식 가운데 주목되는 것은 연으로 만든 연잎감주와 연엽주, 연실떡, 연근정과 등이었다. 연꽃이 피면 연꽃으로 연꽃차를 만들고, 연꽃이 지면 연잎과 연근으로 감주와 술, 떡, 그리고 정과正果를 만들었다.

특히 연엽주는 선교장을 대표하는 술이다. 먼저 정월 상上 해일亥日에 밑술을 담근다. 백미로 굵은 백설기떡을 찌고 여기에 누룩을 섞어서 물을 부은 다음 부엌이나 창고의 한구석에 둔다. 겨우내 얼다가 녹다가를 반복한다. 석 달이 지난 봄날 삼월에 찹쌀을 백 번 씻어서 고두밥으로 쪄서 식힌다. 여기에 누룩과 밑술, 그리고 진달래와 말린 연잎을 넣는다. 삼 주일 정도 지난 후에 용수를 박아 술을 떠낸다.

눈 내린 후의 별채 지붕.
선교장의 대표 음식은 진치소로, 겨울에는 꿩을 재료로 하여 불고기 양념을 발라 숯불에 구워 먹었는데, 다리 부분은 삼색 한지를 감아 장식을 겸하여 먹기 편하도록 했다.

자미재.
자미재는 선교장의 마지막 종부 성기희가 종가의 전통음식을 강의하던 곳이다.

　자미재滋味齋는 선교장의 종부 성기희가 전통음식에 관해 강의하던 곳이다. 아들 강백이 전통음식 강의를 하는 어머니를 위해 새롭게 지었다. 삼척 폐가에서 가져온 적송으로 골조공사를 하고, 평창에서 가져온 돌기와로 지붕을 이어서, 기존 선교장 건물과는 색다른 분위기를 연출하고 있다. 성기희는 관동대학교 가정과 교수로 재직하면서 전통의상과 전통음식에 대해 강의하였다. 학교에서 돌아오면 이곳 자미재에서 강릉 여성들을 위해 전통요리와 선교장 전래 음식을 가르쳤다.

주註

1. "乃蕃公 世居忠州法王 幼失所怙 奉母權氏 入江陵 卽 公之外鄕也 外家烏竹 權氏遜浦村." 『전주이씨효령파가보全州李氏孝寧派家譜』, 선교장 소장.
2. 서병패, 「조선후기 강릉지방의 사족지배질서와 경제문제」, 상명대 대학원 박사학위논문, 1997, p.72.
3. 이기서, 『강릉 선교장』, 열화당, 1996(개정판), p.64.
4. 문화재관리국, 『한국전적종합조사목록 제3집-강원도편』, 1989, p.158, 명문明文.
5. 문화재관리국, 『한국전적종합조사목록 제3집-강원도편』, 1989, pp.159-160, 명문.
6. 김봉렬, 『한국건축 이야기-앎과 삶의 공간』, 돌베개, 2006. pp.231-232.
7. 이후의 초명初名은 이면조李冕朝였다.
8. 이내번의 출생연도가 선교장에 보관 중인 호구단자戶口單子에는 1693년으로 되어 있으나, 전주이씨 족보에는 1703년으로 되어 있다. 여기서는 족보의 기록을 기준으로 하였다.
9. 이의범의 초명初名은 이봉구李鳳九였다.
10. 서병패, 「19세기 양반층 토지보유 상황에 관한 연구」, 상명대 대학원 석사학위논문, 1991, p.36.
11. 김기설『강릉지역지명유래』, 인애사, 1992, p.96.
12. 조용헌, 『5백년 내력의 명문가 이야기』, 푸른역사, 2002, pp.370-372.
13. 김기설, 『강릉지역지명유래』, 인애사, 1992, p.96.
14. 이희봉, 「상류 전통주거 강릉 선교장의 해석」『건축역사연구』제8권 4호, 1999, p.46.
15. 이기서, 『강릉 선교장』, 열화당, 1996, p.84.
16. 김태식, 「선교장 가족 성원의 역할을 통해 본 전통주거 공간의 재조명」, 중앙대 대학원 건축공학과 석사학위논문, 1997, p.63.
17. 이희봉, 「상류 전통주거 강릉 선교장의 해석」『건축역사연구』제8권 4호, 1999, p.46.
18. 성기희, 「선교장의 유래」『관동』12집, 관동대학교, 1981. 2, p.71.
19. 이희봉, 「상류 전통주거 강릉 선교장의 해석」『건축역사연구』제8권 4호, 1999, p.45.
20. 김태식, 「선교장 가족 성원의 역할을 통해 본 전통주거 공간의 재조명」, 중앙대 대학원 건축공학과 석사학위논문, 1997, pp.86-87.
21. 김봉렬, 『김봉렬의 한국건축 이야기 2-앎과 삶의 공간』, 돌베개, 2006, p.253.
22. 성기희, 「선교장의 유래」『관동』12집, 관동대학교, 1981. 2, p.71.

23. 이희봉,「상류 전통주거 강릉 선교장의 해석」『건축역사연구』제8권 4호, 1999, p.57.
24. 이희봉,「상류 전통주거 강릉 선교장의 해석」『건축역사연구』제8권 4호, 1999, p.57.
25. 정재훈,『한국의 옛 조경』, 대원사, 1990, p.90.
26. 김태식,「선교장 가족 성원의 역할을 통해 본 전통주거 공간의 재조명」, 중앙대 대학원 건축공학과 석사학위논문, 1997, p.36, p.52.
27. 신영훈,『한옥의 향기』, 대원사, 2000, p.227.
28. 서병패,「조선후기 강릉지방의 사족지배질서와 경제문제」, 상명대 대학원 박사학위논문, 1997, pp.75-76.
29. 김왕직,『알기 쉬운 한국건축 용어사전』, 동녘, 2007, pp.350-357.
30. 신영훈,『우리가 알아야 할 우리 한옥』, 현암사, 2000, p.425.
31. 조용헌,『5백년 내력의 명문가 이야기』, 푸른역사, 2002, p.375.
32. 성기희,「선교장의 유래」『관동』12집, 관동대학교, 1981. 2, p.74.
33. 김기설,『강릉지역지명유래』인애사, 1992, p.88.
34. 서병패,「19세기 양반층 토지보유 상황에 관한 연구」, 상명대 대학원 석사학위논문, 1991, p.37.
35. 『완산세고完山世稿』「오은공유고鰲隱公遺稿」'묘갈명墓碣銘'. 이기서,『강릉 선교장』, 열화당, 1996, p.109 참조.
36. 『맹자孟子』「이루離婁」상편.
37. 『완산세고』「산석공유고山石公遺稿」'방해정 상량문'.
38. 이선,『우리와 함께 살아온 나무와 꽃, 한국 전통 조경 식재』, 수류산방, 2006, pp.589-591.
39. 강판권,『역사와 문화로 읽는 나무 사전』, 글항아리, 2010, pp.165-167.
40. 이기서,『강릉 선교장』, 열화당, 1996, p.97.
41. 유홍준,『완당평전』, 학고재, 2002, p.154.
42. 최완수,「추사秋史 일파一派의 글씨와 그림」『간송문화澗松文華』60, 간송미술관, 2001, p.102.
43. 강릉시,『강릉시사江陵市史』상, 1996, p.707.
44. 성기희,「선교장의 유래」『관동』12집, 관동대학교, 1981. 2, p.70.
45. 신승원,「일중 김충현과 그의 작품세계」, 건국대 교육대학원 석사학위논문, 1992, p.31.
46. 김춘희,「여초 김응현의 서예 연구」, 경기대 대학원 석사학위논문, 2005, p.51.
47. 강명관,『조선시대 문학 예술의 생성 공간』, 소명출판, 1999, pp.262-268.
48. 문화재관리국,『한국전적종합조사목록 제3집-강원도편』, 1989.
49. 이겸로,「구한말舊韓末 석판인쇄石版印刷 약고略考」『서지학』제6호, 1974, pp.60-61.
50. 송재소,『한국의 차 문화 천년 1』, 돌베개, 2009, pp.7-8.
51. 이연자,『종가 이야기』, 컬처라인, 2001, pp.29-31.
52. 이연자,『종가 이야기』, 컬처라인, 2001, p.33.
53. 김경은,『명가집 내림손맛』, 고려원미디어, 1999, pp.157-160.

참고문헌

고문헌 및 자료집

『완산세고完山世稿』
『전주이씨효령대군정효공파세보全州李氏孝寧大君靖孝公派世譜』
강릉시, 『강릉시사江陵市史』 상, 1996.
문화재관리국, 『한국전적종합조사목록 제3집—강원도편』, 1989.
문화재청, 『한국의 전통가옥 15—강릉 선교장』, 2007.

단행본

강명관, 『조선시대 문학 예술의 생성 공간』, 소명출판, 1999.
강판권, 『역사와 문화로 읽는 나무 사전』, 글항아리, 2010.
김경은, 『명가집 내림손맛』, 고려원미디어, 1999.
김기설, 『강릉지역지명유래』, 인애사, 1992.
김봉렬, 『김봉렬의 한국건축 이야기 2-앎과 삶의 공간』, 돌베개, 2006.
김왕직, 『알기 쉬운 한국건축 용어사전』, 동녘, 2007.
송재소, 『한국의 차 문화 천년 1』, 돌베개, 2009.
신영훈, 『우리가 알아야 할 우리 한옥』, 현암사, 2000.
신영훈, 『한옥의 향기』, 대원사, 2000.
유홍준, 『완당평전』, 학고재, 2002.
이기서, 『강릉 선교장』, 열화당, 1996.
이기웅, 『출판도시를 향한 책의 여정』, 눈빛, 2001.
이선, 『우리와 함께 살아온 나무와 꽃, 한국 전통 조경 식재』, 수류산방, 2006.
이현의 편, 『선교장가족 사진집』, 열화당, 1995.
이연자, 『종가 이야기』, 컬처라인, 2001.
정재훈, 『한국의 옛 조경』, 대원사, 1990.
조용헌, 『5백년 내력의 명문가 이야기』, 푸른역사, 2002.

논문 및 에세이

김영봉,「강릉 선교장」『한옥문화』겨울호, 2011.
김춘희,「여초 김응현의 서예 연구」, 경기대 대학원 석사학위논문, 2005.
김태식,「선교장 가족 성원의 역할을 통해 본 전통주거 공간의 재조명」, 중앙대 대학원 건축공학과 석사학위논문, 1997.
서병패,「19세기 양반층 토지소유 상황에 관한 연구」, 상명대 대학원 석사학위논문, 1991.
_____,「조선후기 강릉지방의 사족지배질서와 경제문제」, 상명대 대학원 박사학위논문, 1997.
성기희,「선교장의 유래」『관동』12집, 관동대학교, 1981. 2.
신승원,「일중 김충현과 그의 작품세계」, 건국대 교육대학원 석사학위논문, 1992.
이겸로,「구한말舊韓末 석판인쇄石版印刷 약고略考」,『서지학』제6호, 1974.
이명선,「주택경영사를 통해 본 강릉 선교장의 변화과정」, 울산대학교 건축학과 석사학위논문, 1997.
이희봉,「상류 전통주거 강릉 선교장의 해석」『건축역사연구』제8권 4호, 1999.
최완수,「추사秋史 일파一派의 글씨와 그림」『간송문화澗松文華』60, 간송미술관, 2001.

선교장 장서목록 藏書目錄

1989년 文化財管理局에서 조사하여 발행한 『韓國典籍綜合調查目錄』에
실린 '船橋莊 目錄'을 기준으로, 古文書를 제외한 典籍만을 대상으로 하여
가나다순으로 작성했고, 각각의 내용은 書名, 編·撰者, 版種, 刊印事項, 書寫事項,
册數 순이며, 一部 二卷 이상의 典籍 中 缺卷이 있는 경우엔 現存 卷次를,
單卷 또는 不分卷 一册인 경우엔 張數를 각각 괄호 안에 밝혀 두었다. —저자

家禮增解 李宜朝(朝鮮) 編. 木版本. 純祖 24年(1824) 跋. 9卷 10册.
家乘 完溪君後孫 抄. 寫本. 朝鮮朝 後期 寫. 1册(33張).
家祭雜儀 編者 未詳. 新鉛活字本. 1900年代 刊. 1册(29張).
可之全集 孫樵(唐) 著. 寫本. 1915年 以後 寫. 2册 1卷(卷 1-2).
簡牘精要 編者 未詳. 木板本. 朝鮮朝 後期 刊. 不分卷 1册(73張).
艮齋先生文集 崔演(1503-1544) 著. 木板本. 高宗 5年(1868) 刊. 11卷 6册(卷 1-11, 年譜, 補遺, 續集 合 6册).
簡札帖 崔錫鼎(1645-1715) 等 書. 眞筆本. 仁祖-英祖 年間(1623-1776) 書. 1帖(31折). 無界. 行字數 不定.
甲戌稧 鄭寅義(朝鮮) 等 撰. 整理字體鐵活字本. 高宗 12年(1875) 以後 刊. 1册(34張).
康南海文集 康有爲(淸) 著. 石印本(中國). 上海. 共和編譯局. 中華 5年(1916) 刊. 不分卷 12册.
江陵府先生案 江陵府 編. 寫本. 正祖 12年(1788) 寫. 1册(77張). 無界.
江陵府先生案 江陵府 編. 寫本. 朝鮮朝 後期 寫. 1册(27張). 無界.
江陵鄕校實記 瀧澤成 編輯. 新鉛活字本. 江陵. 江陵古蹟保存會. 1933年 刊. 1册(67張). 圖.
江陵鄕賢祠十二先生行錄 鄕賢祠 編. 木板本. 1931年 刊. 1册. 圖.
劍南詩鈔 陸游(宋) 著. 楊大鶴(淸) 選. 石印本(中國). 上海 '掃葉山房' 中華 8年(1919) 刊. 6册.
結水滸全傳 兪萬春 著. 新鉛活字本(中國). 淸代 刊. 31卷 8册(卷 40-70).
經類 抄集者 未詳. 寫本. 朝鮮朝 後期 寫. 1册(126張). 無界. 行字數 不定.
瓊林花語 編者 未詳. 寫本. 朝鮮朝 末期 寫. 1册(27張). 無界. 行字數 不定.
經書類抄 抄集者 未詳. 木板本. 朝鮮朝 後期 刊. 1卷 1册(卷 中).
景岳全書 張介賓(明) 著. 賈棠(淸) 訂. 木板本(中國). 敦化堂. 淸 乾隆 48年(1783) 刊. 64卷 36册.
慶州邑誌 金鎔齊 編. 石印本. 1933年 刊. 8卷 4册(卷 1-8).
桂苑筆耕集 崔致遠(新羅) 著. 新鉛活字本. 陰城. 崔祐永. 1930年 刊. 20卷 2册(卷 1-20).
古今歷代史鑑通要 編者 未詳. 寫本. 鏡仙家. 高宗 17年(1880) 寫. 1册(124張). 無界. 行字數 不定. 註 雙行. 頭註.

古今歷代標題註釋十九史略通攷 曾先之(元) 編. 余進(明) 通攷. 木板本. 朝鮮朝 後期 刊. 1卷 1冊(卷1).

古今歷代標題註釋十九史略通攷 鄭昌順(1727-?) 編次. 丁倪祖(朝鮮) 通攷. 木板本(戊申字 飜刻). 嶺營. 正祖 9年(1795) 刊. 2卷 1冊(卷 9-10).

高麗史 鄭麟趾(1396-1475) 奉敎修. 木板本(乙亥字 飜刻). 朝鮮朝 後期 刊. 48卷 47冊(目錄 1冊. 卷 1-46, 49, 50, 合 47冊).

古文觀止 吳興祚(淸) 鑒定. 吳乘權(淸) 等 手錄. 石印本. 中國 上海. 大成書局. 中華年間 刊. 12卷 6冊(卷 1-12).

古文眞寶精選 編者 未詳. 寫本. 朝鮮朝 後期 寫. 1冊(50張). 無界. 半葉 10行 24字. 註 雙行.

古法帖 王羲之(晋) 等 書. 木板本. 朝鮮朝 後期 刊. 8卷 8冊(卷 1, 3-7, 9, 10). 彩色.

科程 編者 未詳. 寫本. 朝鮮朝 後期 寫. 1冊(57張). 無界. 行字數 不定.

關聖帝君覺世寶訓 志魁(淸) 編. 木活字本. 哲宗年間(1849-1863) 刊. 3冊.

關聖帝君全書 編者 未詳. 木板本. 哲宗 4年(1853) 刊. 1冊(16張).

關帝事蹟徵信編 周廣業, 崔應榴 纂輯. 木板本(中國). 淸 道光 4年(1824) 刊. 30卷 6冊(卷 1-6, 7-12, 13-17, 18-22, 23-27, 28-30).

官話記聞 編者 未詳. 寫本. 朝鮮朝 後期 寫. 1冊. 無界. 行字數 不定.

槐堂甲稿 趙公熙 著. 木活字本. 1929年 刊. 1冊(63張).

校刻斜川集 趙懷玉 撰. 木板本(中國). 淸 道光 7年(1827) 刊. 6卷 2冊(卷 1-6).

교육월보 南宮檍(1863-1939) 編. 新鉛活字本. 敎育月報社. 1908年 刊.

究奇門 王鳴鶴 編輯. 袁世忠 校正. 寫本. 朝鮮朝 後期 寫. 1冊(58張). 無界.

歐陽文忠公五代史抄 歐陽修(宋) 撰. 茅坤(明) 批評. 茅闇叔(明) 重訂. 木板本(中國). 淸代 刊. 10卷 2冊(卷 10-14, 15-20).

句解孔子家語 王廣謀(元) 句解. 木板本. 純祖 4年(1804) 刊. 3卷 3冊(卷 上, 中, 下 2冊. 新刊素王事記 1冊 合 3冊).

句解南華眞經 莊周(周) 著. 林希逸(宋) 口義. 木板本. 朝鮮朝 後期 刊. 8卷 4冊(卷 1-8).

國語 韋昭(吳) 解. 宋庠(宋) 補音. 再鑄整理字本. 哲宗 10年(1859) 刊. 21卷 4冊(卷 1-21).

國朝寶鑑 金蘭淳(1781-1851) 等 奉旨 續撰. 木板本(丁酉字 飜刻). 憲宗 14年(1848) 跋. 82卷 10冊(卷 1-82).

國朝人物考 編者 未詳. 寫本. 朝鮮朝 後期 寫. 64冊.

菊川壽集 申在裕 著. 新鉛活字本. 1915年 刊. 1冊(170張). 無界. 半葉 11行 26字.

闕里誌 孔明烈(朝鮮) 編. 木板本(序-木活字本). 丙午年(?) 刊. 1冊(33張).

近思錄 朱熹(宋) 呂祖謙(宋) 共著. 戊申字本. 朝鮮朝 後期 刊. 9卷 4冊(卷 1-9).

金剛百絶 成田魯石 稿. 新鉛活字本. 1929年 刊. 1冊(31張).

今古奇觀 撰者 未詳. 木板本(中國). 淸代 刊. 37卷 12冊(卷 1-37).

今古奇觀 撰者 未詳. 石印本(中國). 上海. 上海書局. 淸 光緖 21年(1895) 刊. 40卷 6冊(卷 1-40).

金丹正理大全金丹大要 嵩嶽主人(明) 編. 木板本(中國). 明 正德-嘉靖 年間(1506-1566)

刊. 4卷 1冊(卷 1-4).

金陵癸甲摭談 撰者 未詳. 木板本(中國). 淸代 刊. 1冊(39張).

金陵集 南公轍(1760-1840) 著. 聚珍筆書體字本. 純祖 15年(1815) 刊. 24卷 12冊(卷 1-24).

金山寺創業宴記 撰者 未詳. 寫本. 鷄林. 辛未年(?) 寫. 1冊(36張). 無界. 半葉 10行 24字.

金山寺創業宴記 撰者 未詳. 寫本. 朝鮮朝 末期 寫. 1冊(29張). 無界. 半葉 14行 字數 不定.

金山寺創業宴錄 編者 未詳. 寫本. 朝鮮朝 後期 寫. 1卷 1冊(卷 上) 無界. 半葉 12行 字數 不定.

棋經十三篇解註 撰註者 未詳. 寫本. 朝鮮朝 後期 寫. 2冊. 無界. 半葉 11行 24字. 註 雙行.

紀事本末 谷應泰 編著. 谷際科, 谷際第 訂. 木板本(中國). 淸代 刊. 60卷 18冊(卷 17-47, 52-80).

記言 許穆(1595-1682) 著. 木板本. 顯宗 8年(1667) 序(後刷). 93卷 20冊(本集 67卷 12 冊. 別集 26卷 8冊).

南華經 莊周(周) 著. 徐廷槐(淸) 鈔閱. 木板本(中國). 淸 光緖 20年(1894) 刊. 4卷 4冊 (卷 1-4).

南華眞經解 宣穎(淸) 著. 王暉吉(淸) 校. 石印本(中國). 尙古山房. 中華 3年(1914) 刊. 3 卷 3冊(卷 1-3).

唐詩正音輯註 張震(宋) 輯註. 楊士弘(元) 編次. 木板本. 朝鮮朝 後期刊. 2卷 1冊(上, 下).

唐詩品彙 高棅(明) 編. 張恂(明) 重訂. 木板本. 淸代 刊. 100卷 15冊(本集 86卷 12冊, 拾 遺 10卷 3冊).

唐詩品彙 高棅(明) 編. 張恂(明) 重訂. 寫本. 朝鮮朝 末期 寫. 1冊(84張). 無界. 半葉 10 行 17字.

唐柳先生集 柳宗元(唐) 著. 劉禹錫(唐) 編. 木板本(中國). 光啓堂王荊岑督. 明 萬曆 29年 (1601) 刊. 44卷 14冊(卷 1-44).

唐太宗李衛公問對直解 劉寅(明) 解. 木板本. 箕營. 正祖 11年(1787) 刻(後刷). 3卷 3冊 (卷 上, 中, 下).

大東詩選 張志淵(1864-1921). 權純九 共編. 新鉛活字本. 京城. 新文館. 1918年 刊. 12卷 5冊(卷 1-12).

大明律詩 高啓(明) 等 著. 木板本. 肅宗 6年(1680) 刊. 2卷 1冊(卷 1-2).

大典通編 金致仁(1716-1790) 等 受命 編. 宣政殿 編輯. 木板本. 嶺營. 正祖 9年(1785) 刊. 6卷 5冊(卷 1-6).

딩튁 孝寧大君派全州李氏家 編. 寫本. 英祖年間(1724-1776) 寫. 1冊.

大學諺解 宣祖(朝鮮王) 命 編. 木板本. 全州. 河慶龍. 純祖 10年(1810) 刊. 1冊(32張).

大學章句 胡廣(明) 等 奉勅 纂. 木板本. 朝鮮朝 末期刊. 1冊(41張).

大學章句大全 胡廣(明) 等 奉勅 纂. 木板本. 朝鮮朝 末期刊. 1冊(61張).

大學章句大全 胡廣(明) 等 奉勅 纂. 木板本. 全州. 河慶龍. 純祖 10年(1810) 刊. 1冊(67張).

道書全書 木板本(中國). 明代 刊. 25卷 11冊.

圖書編 章漢本(淸) 編. 木板本(中國). 淸代 刊. 165卷 52冊.

道藏輯要 張君房(宋) 輯. 木板本(中國). 淸代 刊. 不分卷 16冊.
獨作 作者 未詳. 寫本. 朝鮮朝 末期 寫. 不分卷 2冊.
東京雜記 閔周冕(1620-1679) 編. 木板本. 肅宗 3年(1711) 刻(後刷). 3卷 3冊(卷 1-3).
東國文獻 金性澱(純祖朝) 校正. 木板本. 朝鮮朝 末期 刊. 4卷 4冊.
東國山水錄 李重煥(朝鮮) 著. 寫本. 朝鮮朝 後期 寫. 1冊(24張). 無界. 半葉 15行 23字.
東國詩抄 抄集者 未詳. 寫本. 丁酉年(?) 寫. 1冊(55張).
東國歷代傳統記 撰者 未詳. 寫本. 朝鮮朝 末期 寫. 1冊(35張). 無界. 行字數 不定.
東國通鑑 徐居正(1400-1488) 等 奉命 撰. 崔南善(1890-1957) 編修. 新鉛活字本. 京城. 朝鮮光文會. 1911年 刊. 46卷 5冊(卷 1-9, 20-56).
東萊先生南史詳節 呂祖謙(宋) 編. 木板本(中國). 淸代 刊. 11卷 1冊(卷 7-17).
東鳴 編者 未詳. 寫本. 朝鮮朝 後期 寫. 1冊(62張). 無界. 半葉 13行 21字.
東樊集 李晚用(1792-?) 著. 全史字多混入補字本. 隆熙 3年(1909) 寫. 4卷 2冊(卷 1-4).
東樊集 李晚用(1792-?) 著. 寫本. 朝鮮朝 末期 寫. 4卷 2冊. 無界. 半葉 10行 20字.
東匪討錄 編者 未詳. 寫本. 朝鮮朝 末期 寫. 1冊(32張) 無界. 半葉 12行 字數 不定.
東匪討論 江陵府 編. 寫本. 高宗年間(1864-1896) 寫. 1冊(59張). 無界. 半葉 10行 字數 不定.
東西洋歷史 玄采(1856-1928) 譯. 新鉛活字本. 1900年代 刊. 3卷 3冊.
桐巢蔓錄 南夏正(1678-1751) 著. 新鉛活字本. 京城. 廣韓書林. 1925年 刊. 3卷 2冊(卷 1-3).
東洋史教科書 俞鈺兼 著. 俞星濬 校. 新鉛活字本. 隆熙 2年(1908) 刊. 1冊(115張).
東寓志 撰者 未詳. 寫本. 朝鮮朝 後期 寫. 5冊. 無界. 半葉 10行 24字.
東原世稿 崔文漢(朝鮮) 等 撰. 木板本. 1929年 刊. 17卷 5冊(前集 5卷 2冊. 後集 12卷 3冊).
東垣十書 朱震亨(元) 撰. 後期芸閣印書體字本. 英祖 41年(1765) 刊. 16卷 10冊(卷 1-16).
東醫寶鑑 許浚(?-1615) 奉敎 撰. 木板本. 純祖 14年(1814) 刊. 21卷 24冊(目錄 2冊, 內景篇 4卷 4冊, 外形篇 4卷 4冊, 雜病篇 10卷 10冊, 湯液篇 3卷 3冊, 鍼灸篇 1冊). 圖.
東醫寶鑑本草(抄) 許浚(?-1615) 奉敎 撰. 寫本. 朝鮮朝 後期 寫. 1冊(56張). 無界. 行字數 不定. 註 雙行.
東醫壽世保元 李濟馬(1838-1900) 著. 金容俊 編. 新鉛活字本. 京城. 博文書館. 1921年 刊. 1卷 1冊(卷 1).
東周列國志 蔡昇(淸) 平點. 石印本(中國). 淸代 刊. 16卷 5冊(卷 1, 2-5, 6-9, 21-23, 24-27). 圖.
東坡集 王宗稷 編. 木板本(中國). 淸 道光 12年(1832) 刊. 144卷 80冊(東坡集 84卷 46冊, 欒城集 48卷 24冊. 欒城後集 10卷 8冊, 欒城應詔集 2卷 2冊).
痘科精義錄 楊公調(淸) 輯. 木板本(中國). 淸 康熙 47年(1708) 刊. 4卷 4冊(卷 1-4).
痘科彙錄 翟玉華(明) 著. 木板本. 嶺營. 純祖 7年(1807) 刊. 4卷 3冊(卷 1-4).
杜律分韻 杜甫(唐) 撰. 摛文院(朝鮮) 奉敎 彙編. 初鑄整理小字本. 純祖 5年(1805) 刊. 5卷 2冊(卷 1-5).
杜草堂詩 杜甫(唐) 撰. 寫本. 朝鮮朝 後期 寫. 2冊. 無界. 半葉 10行 17字.

摩詰詩鈔 王維(唐) 撰. 寫本. 乙巳年(?) 寫. 1冊(19張). 無界. 半葉 12行 24字.

梅月堂集 金時習(1435-1493) 著. 新鉛活字本. 1927年 刊. 23卷 6冊(詩集 15卷, 文集 6卷, 附錄 2卷).

梅竹軒先生文集 成三問(1418-1456) 著. 木板本. 淸道. 德泉齋. 隆熙 3年(1909) 刊. 2卷 2冊(卷 1-2).

梅花詩 李滉(1501-1570) 著. 李聖鎬 編輯. 石印本. 大邱. 津津堂, 1933年 刊. 1冊(43張).

孟東野詩集 孟郊(唐) 撰. 國材(宋) 評. 木板本(中國). 淸代 刊. 4冊.

孟子 胡廣(明) 等 奉勅 纂. 木板本. 朝鮮朝 後期 刊. 2卷 1冊(卷 7 上, 下).

孟子大全 胡廣(明) 等 奉勅 纂. 木板本. 朝鮮朝 後期 刊. 4卷 4冊(卷 1-4).

孟子諺解 宣祖(朝鮮王) 命 編. 木板本(戊申字 飜刻). 朝鮮朝 後期 刊. 14卷 7冊(卷 1-14).

孟子諺解 宣祖(朝鮮王) 命 編. 木板本. 嶺營. 哲宗 13年(1862) 刊. 12卷 6冊(卷 1-8, 11-14).

孟子集註大全 胡廣(明) 等 奉勅 纂. 木板本. 豊沛. 丁卯年(?) 刊. 12卷 6冊(卷 3-14).

孟子集註大全 胡廣(明) 等 奉勅 纂. 木板本. 嶺營. 丁巳年(?) 刊. 6卷 2冊(卷 3-6, 13-14).

明史 張廷玉(淸) 等 奉勅 修. 陳大受(淸) 等 校. 木板本(中國). 淸 乾隆 4年(1739) 刊. 332卷 100冊.

明義錄 金致仁(1716-1790) 等 受命 編. 壬辰字本. 正祖 1年(1777) 刊. 2卷 2冊(卷首, 1).

明義錄 金致仁(1716-1790) 等 受命 編. 壬辰字本. 正祖 1年(1777) 刊. 1卷 1冊(卷 1).

明齋先生遺稿 尹拯(1629-1714) 著. 後期芸閣印書體字本. 英祖 8年(1732) 刊. 46卷 26冊(卷 1-46).

明朝紀事本末 谷應泰(明) 編著. 木板本(中國). 淸 順治 15年(1658) 刻(後刷). 80卷 24冊.

溟洲謏言 孔開星 撰. 寫本. 朝鮮朝 後期 寫. 1冊(48張). 無界. 半葉 12行. 字數 不定. 註 雙行.

牧民攷 抄寫者 未詳. 寫本. 朝鮮朝 末期 寫. 2冊. 無界. 行字數 不定. 註 雙行.

牧民心書 丁若鏞(1762-1836) 著. 寫本. 朝鮮朝 後期 寫. 6卷 6冊(卷 1-6). 無界. 半葉 10行 21字. 註 雙行.

牧隱集 李穡(1328-1396) 著. 木板本. 仁祖 4年(1626) 刻(後刷). 55卷 24冊(目錄 上, 下 2冊, 牧隱詩藁 35卷 17冊. 牧隱文藁 20卷 5冊).

武經七書數目隱義題全解 丁洪(明) 輯著. 木板本(中國). 明朝 末期 刊. 1冊(59張).

武經七書全解 丁洪(明) 輯著. 鄧琯 較訂. 木板本(中國). 淸代 刊. 5卷 7冊.

武經七書策題全解 丁洪(明) 輯著. 鄧琯 較訂. 木板本(中國). 明朝 末期 刊. 1冊.

文公家禮儀節 丘濬(明) 輯. 木板本. 靈光. 仁祖 4年(1626) 刊. 8卷 4冊. 圖.

文山天道策 抄寫者 未詳. 寫本. 朝鮮朝 後期 寫. 1冊(20張). 無界. 行字數 不定.

文選 昭明太子(梁) 撰. 李善(唐) 註. 葉樹藩(淸) 參訂. 木板本(中國). 學庫山房. 淸 乾隆 37年(1772) 序. 60卷 16冊(卷 1-60).

眉山先生文集 韓章錫(1832-1894) 著. 新鉛活字本. 1934年 刊. 13卷 7冊(卷 1-13).

博譜 編者 未詳. 寫本. 朝鮮朝 後期 寫. 3冊. 圖. 無界. 行字數 不定. 頭註.

白沙先生集 李恒福(1556-1618) 著. 木板本. 仁祖 13年(1635) 跋. 30卷 15冊(文集 23卷

12冊, 附錄 7卷 3冊).
法帖　王獻之(晋) 書. 木板本. 朝鮮朝 後期 刊. 2冊. 無界. 行字數 不定.
寶味　抄寫者 未詳. 寫本. 朝鮮朝 後期 寫. 1冊(24張). 無界. 行字數 不定.
本草綱目　李時珍(明) 撰. 木板本(中國). 淸代 刊. 52卷 46冊.
本草綱目圖　李時珍(明) 撰. 張雲中 重訂. 木板本(中國). 天德堂. 淸 道光 29年(1849) 刊.
　　1卷 1冊(卷上). 圖.
賦椎　抄寫者 未詳. 寫本. 朝鮮朝 後期 寫. 1冊(26張). 無界. 行字數 不定.
北道陵殿誌　魏昌祖(朝鮮) 編. 木板本. 英祖 34年(1758) 刊. 8卷 3冊.
北道陵殿誌中故實　魏昌祖(朝鮮) 編. 寫本. 甲戌年(?) 寫. 1冊(18張). 無界. 半葉 10行 16字.
分類補註李太白詩　李白(唐) 著. 楊齊賢(宋) 集註. 蕭士贇(元) 補註. 甲寅字體訓鍊都監字
　　本. 光海君 8年(1616) 刊. 1卷 1冊(卷 8).
俾土麥コ獨逸帝國　宋元植 撰. 新鉛活字本. 京城. 永昌書館. 1922年 刊. 1冊(52張). 無界.
　　半葉 14行 30字.
秘授命理須知滴天髓　程芝雲(淸) 校訂. 木板本(中國). 淸代 刊. 2卷 1冊(卷 上, 下).
貧郊先生文集　李之馧(1603-1671) 著. 新鉛活字本. 1917年 刊. 4卷 2冊(卷 1-4).
史記評林　司馬遷(漢) 撰. 凌稚隆(明) 輯校. 木板本(中國). 星沙. 養高書齋. 淸 光緖 17年
　　(1891) 刊. 130卷 32冊(總目 1冊. 本集 130卷 31冊).
四大奇書第一種　羅貫中(明) 撰. 金聖歎(淸) 編. 毛宗岡(淸) 評. 木板本. 朝鮮朝 後期 刊.
　　2卷 2冊(卷 9, 18).
四大奇書第一種　羅貫中(明) 撰. 金聖歎(淸) 編. 毛宗岡(淸) 評. 木板本. 朝鮮朝 後期 刊.
　　19卷 20冊.
四大奇書第一種　羅貫中(明) 撰. 金聖歎(淸) 編. 毛宗岡(淸) 評. 木板本. 朝鮮朝 後期 刊.
　　2卷 2冊(卷 15, 16).
四雪草堂重訂通俗隋唐演義　羅貫中(明) 撰. 木板本(中國). 淸 道光 30年(1850) 刊. 20卷
　　20冊.
謝氏南征記　金萬重(1637-1692) 著. 寫本. 朝鮮朝 後期 寫. 1冊(78張). 無界. 半葉 11行
　　25字.
史要聚選　權以生(朝鮮) 編. 木板本. 朝鮮朝 末期 刊. 7卷 4冊(卷 1-7).
史要聚選　權以生(朝鮮) 編. 木板本. 武橋. 乙丑年(?) 刊. 9卷 4冊(卷 1-9).
史要聚選　權以生(朝鮮) 編. 木板本. 朝鮮朝 末期 刊. 9卷 4冊(卷 1-9).
史漢一統　編者 未詳. 木板本. 朝鮮朝 後期 刊. 16卷 16冊(卷 1-16).
山林經濟　崔南斗(朝鮮) 著. 寫本. 朝鮮朝 後期 寫. 4卷 4冊(卷 1-4).
山水集　編者 未詳. 寫本. 朝鮮朝 後期 寫. 5冊. 無界. 半葉 12行 25字. 註 雙行.
山海經　郭璞(晋) 傳. 郝懿行(淸) 箋疏. 木板本(中國). 淸 嘉慶 9年(1804) 跋. 18卷 4冊
　　(卷 1-18).
山海經　郭璞(晋) 傳. 郝懿行(淸) 箋疏. 木板本(中國). 淸 嘉慶 14年(1809) 序. 8卷 4冊
　　(卷 1-8).

三可遺稿 朴邌良(1470-1552) 著. 木板本. 乙卯年(?) 刊. 1卷 1册.

삼국지 陳壽(晋) 撰. 寫本. 朝鮮朝 末期 寫. 2卷 5册(卷 23, 26). 無界. 半葉 12行 字數 不定. 線裝.

三道經 河相易 著. 新鉛活字本. 京城. 大倧敎. 1912年 刊. 1册(26張).

三韻聲彙 洪啓禧(1703-1771) 編. 木板本. 朝鮮朝 後期 刊. 3卷 3册(2卷 2册, 補 1卷 1册).

三韻聲彙 洪啓禧(1703-1771) 編. 木板本. 嶺營. 英祖 45年(1769) 刊. 3卷 3册(2卷 2册, 補 1卷 1册).

三政策 許博(1797-1886) 製進. 寫本. 朝鮮朝 後期 寫. 1册(35張). 無界. 半葉 12行 字數 不定.

喪禮備要 申義慶(光海朝) 編. 金長生(1548-1631) 增補. 木板本. 嶺營. 憲宗 8年(1842) 刊. 2卷 2册(卷 上, 下). 圖.

詳說古文眞寶大全(後集) 黃堅(宋末-元初) 編. 木板本. 丙辰年(?) 刊. 10卷 4册(卷 1-10).

喪祭禮抄目 編者 未詳. 木板本. 朝鮮朝 後期 刊. 1册.

詳註聊齋志異圖詠 蒲松齡(淸) 著. 呂湛恩(淸) 註. 石印本(中國). 淸代 刊. 16卷 8册(卷 1-16). 圖.

上之卽祚三十二年甲午式年司馬榜目 內閣(大韓帝國) 編. 再鑄整理字本. 光武 6年(1902) 刊. 3卷 3册(卷 1-3).

傷寒證治準繩 王肯堂(明) 輯. 張紑(淸) 校. 木板本(中國). 淸代 刊. 8卷 6册(卷 1-8).

詳解元先生秘傳相法全編 袁忠徹(明) 秘傳. 寫本. 朝鮮朝 後期 寫. 3卷 1册(卷 上, 中, 下).

서유긔 吳承恩(明) 著. 陳士斌(淸) 銓解. 寫本. 朝鮮朝 後期 寫. 5卷 5册(卷 1, 2, 12, 14, 24). 無界. 半葉 12行 字數 不定.

書傳大全 胡廣(明) 等 奉勅 纂. 木板本. 朝鮮朝 後期 刊. 10卷 10册(卷 1-10). 圖.

書傳大全 胡廣(明) 等 奉勅 纂. 木板本. 朝鮮朝 後期 刊. 5卷 5册(卷 1-5).

書傳大全 胡廣(明) 等 奉勅 纂. 木板本. 朝鮮朝 後期 刊. 8卷 8册. 圖.

書傳大全 胡廣(明) 等 奉勅 纂. 木板本. 全州. 河慶龍. 純祖 10年(1810) 刊. 7卷 7册(卷 1, 5-10). 圖.

書傳大全 胡廣(明) 等 奉勅 纂. 木板本. 朝鮮朝 後期 刊. 10卷 5册(卷 1-10).

書傳諺解 宣祖(朝鮮王) 命 編. 木板本(戊申字 飜刻). 朝鮮朝 後期 刊. 5卷 5册(卷 1-5).

選賦抄評註解刪補 蕭統(梁) 撰集. 木板本. 安東. 庚午年(?) 刊. 1卷 1册(卷 1).

璿源譜譜 宗正院(朝鮮) 編. 木活字本. 光武 7年(1903) 刊. 35卷 38册(目錄 3册, 35卷 35册). 圖.

說唐前後傳 新鉛活字本(中國). 淸 光緖 15年(1889) 刊. 18卷 6册. 圖.

雪心賦 卜應天(明) 著. 寫本. 朝鮮朝 後期 寫. 1册(92張). 圖. 無界. 半葉 14行 24字.

雪心賦正解 卜應天(明) 著. 孟浩(淸) 註. 張鐸(淸) 訂. 趙延芳(淸) 校. 木板本(中國). 淸代 刊. 4卷 2册(卷 1-4).

薛氏醫按 薛己 註. 魏一元 校. 寫本. 朝鮮朝 後期 寫. 1册(59張). 圖. 無界. 半葉 13行 字數 不定. 線裝.

成謹甫先生集 成三問(1418-1456) 著. 木板本. 朝鮮朝 末期 刊. 4卷 1冊(卷 1-4).
性理大全書 胡廣(明) 等 奉勅 纂. 木板本. 明代 刊. 70卷 30冊.
性命抄錄 抄寫者 未詳. 寫本. 朝鮮朝 末期 寫. 1冊(10張). 無界. 半葉 10行 字數 不定.
星巖丙集 梁緯 著. 寫本. 朝鮮朝 後期 寫. 2卷 1冊(卷 4, 5).
星巖丁集 梁緯 著. 木板本(日本). 江戶. 千鍾房. 日 天保 12年(1841) 刊. 4卷 1冊(卷 1-4).
星巖集 梁緯 著. 木板本(日本). 日 安政 3年(1856) 刊. 14卷 6冊.
星巖集 梁緯 著. 寫本. 朝鮮朝 後期 寫. 10卷 1冊.
星垣正論 撰者 未詳. 寫本. 朝鮮朝 末期 寫. 3卷 3冊(卷 1-3). 圖.
聖學範圍圖說 岳元聲 著. 木板本(中國). 淸代 刊. 不分卷 30冊.
聖學十道 李滉(1501-1570) 著. 木板本. 英祖 20年(1744) 刊. 1冊(47張) 圖.
城隍祭祝文 筆寫者 未詳. 寫本. 朝鮮朝 末期 寫. 1帖(5折). 無界. 行字數 不定.
世彙珍牘 鄭歚(1676-1759) 等 書. 眞筆本. 肅宗-英祖年間(1674-1776) 書. 1冊(25張). 無界. 行字數 不定.
世彙珍牘 李濟臣(1536-1584) 等 書. 眞筆本. 宣祖-仁祖年間(1567-1649) 書. 1冊(25張). 無界. 行字數 不定.
世彙珍牘 趙相愚(1640-1718) 等 書. 眞筆本. 肅宗-英祖年間(1674-1776) 書. 1冊(28張). 無界. 行字數 不定.
世彙珍牘 成渾(1535-1598) 等 書. 眞筆本. 宣祖-英祖年間(1567-1776) 書. 1冊(15張). 無界. 行字數 不定.
성현공숙열긔 작자 미상. 寫本. 哲宗 14年(1863) 寫. 13卷 11冊(卷 5-8, 14, 15, 25-31). 無界. 半葉 10行 字數 不定.
素覽詩集 李升鉉 著. 李源根 編. 新鉛活字本. 1933年 刊. 1冊(36張) 圖.
素書 黃石公(漢) 撰. 寫本. 朝鮮朝 後期 寫. 1冊(23張).
素書 黃石公(漢) 撰. 寫本. 朝鮮朝 後期 寫. 1冊(18張). 無界. 半葉 12行 20字.
小學諺解 英祖(朝鮮王) 命 編. 木板本. 朝鮮朝 後期 刊. 2卷 2冊(卷 5, 6).
小學諺解 英祖(朝鮮王) 命 編. 木板本. 朝鮮朝 後期 刊. 1卷 1冊(卷 1).
小學諸家集註 朱熹(宋) 撰. 何士信(明) 集成. 宣政殿(朝鮮) 訓義. 寫本. 1916年 寫. 1卷 1冊(卷6). 無界. 半葉 8行 16字.
小學諸家集註 宣政殿(朝鮮) 訓義. 何士信(明) 集成. 吳訥(元) 集解. 陳祚(明) 正誤. 陳選(明) 增註. 程愈(明) 集說. 木板本. 英祖 20年(1744) 刻(後刷). 2卷 2冊(卷 1, 6).
續明義錄 金致仁(1716-1790) 等 受命 撰. 木板本(壬辰字 飜刻). 原營. 正祖 2年(1778) 刊. 1冊(44張).
續修增補江都誌 朴憲用 編. 新鉛活字本. 江華島. 崔喜冕方. 1932年 刊. 4卷 2冊. 圖.
續資治通鑑綱目 商輅(明) 等 奉勅 纂. 木板本(中國). 淸 康熙 40年(1701) 刊. 27卷 30冊.
宋名臣言行錄 朱熹(宋) 纂集. 李幼武(明) 續纂. 張采(明) 評閱. 木板本. 仁祖 11年(1633) 刻(後刷). 75卷 20冊. 圖.
宋名臣言行錄 朱熹(宋) 纂集. 李幼武(明) 續纂. 張采(明) 評閱. 木板本. 中宗年間(1506-

1544) 刊. 51卷 10冊.

宋史老泉先生本傳 脫脫(元) 等 奉勅 撰. 木板本. 淸代 刊. 20卷 4冊.

松雪帖 筆書者 未詳. 木板本. 朝鮮朝 後期 刊. 1冊(16張). 無界. 半葉 3行 字數 不定.

松隱丸川先生贈位記念集 大江茂延(日本) 著. 新鉛活字本. 1935年 刊. 1冊(66張).

宋朝史詳節 編者 未詳. 寫本. 朝鮮朝 後期 寫. 10卷 5冊(卷 1-10). 無界. 半葉 12行 20字. 註 雙行.

쇼퇴 孝寧派全州李氏家 編. 寫本. 英祖年間(1724-1776) 寫. 1冊.

水鏡集 范駛(淸) 刪定. 木板本(中國). 掃葉山房. 淸 康熙 19年(1680) 刊. 4卷 4冊. 圖.

隨錄 編者 未詳. 寫本. 朝鮮朝 後期 寫. 1冊(36張). 無界. 半葉 12行 字數 不定.

隨錄 編者 未詳. 寫本. 癸未年(?) 寫. 1冊(14張). 無界. 半葉 10行 字數 不定.

繡像京本雲合奇跡玉茗英烈全傳 徐渭 編. 石印本(中國). 淸代 刊. 2卷 2冊(卷 2, 3).

繡像京本雲合奇跡玉茗英烈全傳 徐渭 編. 石印本(中國). 上海書局. 淸 光緖 22年(1896) 刊. 4卷 4冊(卷 1-4). 圖.

繡像小人義 撰者 未詳. 石印本(中國). 上海. 章福記書局. 中華年間 刊. 12卷 12冊(卷 1-12).

繡像全圖小五義 撰者 未詳. 石印本(中國). 上海. 掃葉山房. 淸 光緖 25年(1899) 刊. 12卷 6冊(卷 1-12).

繡像七俠五義傳 石王昆 述. 曲元居士 重編. 石印本(中國). 上海. 掃葉山房. 淸 光緖 25年(1899) 刊. 12卷 6冊(卷 1-12). 圖.

隨園集 三餘堂 集. 木板本(中國). 淸 同治 5年(1866) 刊. 179卷 80冊.

睡隱集 姜沆(1567-1618) 著. 倣整理體字本. 純祖-哲宗年間(1800-1861) 刊. 4卷 4冊(卷 1-4).

許傳語錄 寫本. 日帝强占期 寫. 1冊(22張) 無界. 半葉 11行 20字. 註 雙行.

純陽遺計 編者 未詳. 寫本. 乙丑年(?) 寫. 1冊(29張). 無界. 半葉 11行 字數 不定.

崇禎紀元後四甲辰增廣司馬榜目 禮曹(朝鮮) 編. 木板本. 憲宗 10年(1844) 刊. 1冊(42張).

崇禎紀元後四庚子式年司馬榜目 禮曹(朝鮮) 編. 丁酉字本. 憲宗 9年(1843) 刊. 1冊(41張).

崇禎紀元後四乙酉式司馬榜目 禮曹(朝鮮) 編. 丁酉字本. 純祖 29年(1829) 刊. 1冊(45張).

崇禎紀元後四丁亥慶科增廣司馬榜目 禮曹(朝鮮) 編. 丁酉字本. 純祖 28年(1828) 刊. 1冊(42張).

詩經諺解 宣祖(朝鮮王) 命 編. 木板本. 朝鮮朝 末期 刊. 20卷 7冊(卷 1-20).

詩金剛 宋淳夔 輯. 崔承學 註. 新鉛活字本. 1916年 刊. 1冊(67張).

詩刪 李攀龍 評選. 寫本. 朝鮮朝 後期 寫. 1冊(80張). 無界. 半葉 10行 17字.

詩傳大全 胡廣(明) 等 奉勅 纂. 木板本. 朝鮮朝 後期 刊. 5卷 5冊(卷 1-5).

詩傳大全 胡廣(明) 等 奉勅 纂. 木板本. 朝鮮朝 後期 刊. 20卷 6冊(卷 1-20).

詩傳大全 胡廣(明) 等 奉勅 纂. 木板本. 全州. 河慶龍. 純祖 10年(1810) 刊. 10卷 10冊(卷 1-10).

時兆月報 新鉛活字本. 京城. 時兆月報社. 1920年 刊. 1冊. 圖. 無界. 半葉 2段 15行 字數 不定.

詩推 編者 未詳. 寫本. 朝鮮朝 後期 刊. 1冊(43張). 無界. 行字數 不定.

시편 편자 미상. 新鉛活字本. 셔울. 대영셩셔공회. 隆熙 2年(1908) 刊. 1冊(148張).

新刻校正增補圓機活法詩學全書 王世貞(明) 校正. 木板本(中國). 淸代 刊. 8卷 8冊(卷 17-24).

新刻鍾伯敬先生批評封神演義 鍾惺(明) 批評. 木板本(中國). 淸代 刊. 17卷 17冊(卷 1-8, 11-19). 無界. 半葉 11行 24字. 線裝.

新刻重校增補圓機活法詩學全書 王世貞(明) 校正. 木板本(中國). 淸代 刊. 16卷 16冊(卷 1-16).

新刊校正增補圓機詩韻活法全書 王世貞(明) 增校. 蔣先庚 重訂. 木板本(中國). 淸代 刊. 14卷 8冊(卷 1-14). 圖.

新刊勿聽子俗解八十一難經 盧國秦越人 著. 木板本(日本). 中和堂. 日 文明(1472) 刊. 3卷 2冊(卷 1-3).

新刊補註銅人腧穴鍼灸圖經 王惟一(宋) 撰. 木板本. 朝鮮朝 後期 刊. 2卷 1冊(卷 1-2). 圖.

新刊補註銅人腧穴鍼灸圖經 王惟一(宋) 撰. 寫本. 朝鮮朝 後期 寫. 1冊(27張). 無界. 半葉 12行 字數 不定. 註 雙行.

新刊良朋彙集 林甫較(朝鮮) 輯. 寫本. 肅宗 37年(1711) 以後 寫. 5卷 5冊(卷 1-5). 無界. 半葉 10行 20字.

신약젼서 新鉛活字本. 셔울. 대영셩셔공회. 隆熙 2年(1908) 刊. 1冊(412張). 圖.

新約全書 新鉛活字本. 皇城. 大英聖書公會. 隆熙 3年(1909) 刊. 1冊(262張). 圖.

申紫霞詩集 申緯(1769-1847) 著. 金澤榮(1850-1927) 校編. 新鉛活字本(中國). 淸 光緖 33年(1907) 刊. 3卷 1冊(卷 1-3).

新鐫新峯先生通考闢謬命理正宗大全 張楠 著集. 杜春芳 校正. 寫本. 朝鮮朝 後期 寫. 5卷 5冊(卷 1, 2, 4-6).

新訂尋常小學 學部編輯局 編. 再鑄整理字本. 建陽 元年(1896) 刊. 3卷 3冊(卷 1-3).

新增東國輿地勝覽 金宗直(1431-1492). 慮思愼(1427-1498) 等 編. 木板本(癸丑字 飜刻). 朝鮮朝 後期 刊. 10卷 5冊(卷 21-30). 圖.

新增智囊補 馮夢龍 訂. 木板本(中國). 淸代 刊. 10卷 4冊.

新鋟希夷陳先生紫微斗數全書 陳希夷 著. 木板本(中國). 淸代 刊. 3卷 3冊(卷 2-4). 圖.

新編古事文類聚 祝穆(宋), 富大明(元), 祝淵(元) 共編. 木板本. 朝鮮朝 後期 刊. 195卷 65冊(總目 1冊. 新集 36卷 12冊, 前集 58卷 17冊, 續集 28卷 9冊, 別集 3卷 11冊(同書 二部), 外集 13卷 4冊).

新編集成馬醫方 趙浚(1346-1405) 編. 寫本. 朝鮮朝 後期 寫. 1冊(93張). 圖. 無界. 半葉 12行 字數 不定. 註 雙行.

雅誦 正祖(朝鮮王) 御定. 木板本(壬辰字 飜刻). 朝鮮朝 後期 刊. 8卷 2冊(卷 1-8).

安仁車 林樂知(淸) 編譯. 新鉛活字本(中國). 淸 光緖 28年(1902) 刊. 1冊(93張).

顔眞卿筆帖 顔眞卿(唐) 書. 木板本. 朝鮮朝 後期 刊. 1冊(22張). 無界. 半葉 5行 9字.

瘍科證治準繩 王肯堂(明) 輯. 閔承詔 校. 木板本(中國). 淸代 刊. 5卷 5冊(卷 2-6).

梁山來知德先生易經集註 崔華(淸) 重訂. 崔繼山, 崔代山, 崔嵒山(淸) 同校. 木板本(中

國). 淸 康熙 27年(1688) 刊. 16卷 12冊(卷 1-16).

楊升菴先生文集 楊愼(明) 著. 木板本(中國). 淸代 刊. 不分卷 6冊.

梁任公文抄 朱振新 編. 石印本(中國). 上海. 共和編譯局. 中華 4年(1915) 刊. 不分卷 12冊.

御批歷代通鑑輯覽 高宗(淸) 批. 傅恒(淸) 等 奉勅 編纂. 木板本(中國). 湖南書局. 淸 同治 13年(1876) 刊. 120卷 64冊(卷 1-120).

御定奎章全韻 正祖(朝鮮王) 御定. 木板本. 美陽書坊. 己丑年(?) 刊. 2卷 1冊(卷 上, 下).

御定奎章全韻 正祖(朝鮮王) 御定. 木板本. 朝鮮朝 後期 刊. 2卷 1冊(卷 上, 下).

御定奎章全韻 正祖(朝鮮王) 御定. 木板本. 朝鮮朝 後期 刊. 2卷 1冊(卷 上, 下).

御定奎章全韻 正祖(朝鮮王) 御定. 木板本. 朝鮮朝 後期 刊. 2卷 1冊(卷 上, 下).

御定奎章全韻 正祖(朝鮮王) 御定. 木板本. 朝鮮朝 後期 刊. 2卷 1冊(卷 上, 下).

御定杜陸千選 正祖(朝鮮王) 御選. 丁酉字本. 正祖 23年(1799) 刊. 4卷 2冊(卷 1-4).

御定全唐詩錄 徐倬(淸), 徐元正(淸) 奉勅 撰. 木板本(中國). 淸 康熙 45年(1706) 刊. 97卷 31冊(卷 1-33, 37-100).

儷稿 編者 未詳. 寫本. 朝鮮朝 後期 寫. 1冊(49張). 無界. 半葉 8行 字數 不定.

女科證治準繩 王肯堂(明) 輯. 張綷 校. 木板本(中國). 淸代 刊. 5卷 8冊(卷 1-5).

儷彙 編者 未詳. 寫本. 朝鮮朝 後期 寫. 4冊. 無界. 半葉 8行 字數 不定. 註 雙行.

歷代君臣圖像 編者 未詳. 木板本. 中宗 21年(1526) 刊. 2冊. 圖.

歷代將鑑博議 戴溪(宋) 譔. 木板本. 肅宗 17年(1691) 刻(後刷). 7卷 5冊(卷 1-4, 8-10).

演機新編 安命老(1620-?) 纂集. 木板本. 朝鮮朝 後期 刊. 3卷 3冊(卷 上, 中, 下).

涓吉龜鑑 南元裒(高宗朝) 編輯. 林兢淵 校正. 木板本(全史字 飜刻). 高宗 4年(1867) 序. 2卷 2冊(卷 上, 下).

燃藜室記述 李肯翊(1736-1806) 著. 崔南善(1890-1957) 編修. 新鉛活字本. 京城. 朝鮮光文會. 1914年 刊. 34卷 11冊(本集 24卷 8冊, 別集 10卷 3冊).

燃藜室記述 李肯翊(1736-1806) 著. 寫本. 朝鮮朝 末期 寫. 34卷 30冊(卷 1, 2, 4-6, 8-17, 24-31, 續集 肅宗朝 1-6, 景宗朝 1-4, 英祖 1). 無界. 半葉 13行 31字. 註 雙行. 頭註.

燕山外史註釋 陳球(淸) 著. 若駿子(淸) 輯註. 新東垣(淸) 參校. 石印本(中國). 淸 光緖 5年(1879) 刊. 2卷 2冊(卷 上, 下). 圖.

蓮坡詩鈔 金進洙(1797-1865) 著. 影印本. 京城. 鴻文齋. 1928年 刊. 2卷 2冊(卷 上, 下).

列聖誌狀通紀 卞季良(1369-1430) 等 撰. 洪啓禧(1703-1771) 等 奉敎 校正. 顯宗實錄字本. 英祖 34年(1758) 刊. 22卷 14冊.

悅心集 世宗(淸) 御編. 木板本(中國). 淸代 刊. 2卷 1冊(卷 1, 2).

艶夢謾釋 守實先生 註釋. 儻山主人 參校. 寫本. 朝鮮朝 後期 寫. 1冊(38張). 無界. 半葉 10行 字數 不定.

廉承傳 編者 未詳. 寫本. 朝鮮朝 後期 寫. 1冊(26張). 無界. 半葉 9行 18字.

葉城集 抄寫者 未詳. 寫本. 朝鮮朝 後期 寫. 1冊(60張). 無界. 行字數 不定.

瀛奎律髓刊誤 方虛谷(宋) 選. 木板本(中國). 蘇州. 掃葉山房. 淸代 刊. 49卷 12冊(卷 1-49).

靈寶筆法 權雲房(朝鮮) 著. 寫本. 朝鮮朝 後期 寫. 3卷 1冊(卷 上, 中, 下). 無界. 半葉 10

行 20字. 註 雙行.

穎翁續藁 南公轍(1760-1840) 著. 全史字本. 純祖 22年(1822) 刊. 5卷 2冊.

穎翁再續藁 南公轍(1760-1840) 著. 全史字本. 純祖 22年(1822) 以後 刊. 3卷 1冊(卷 1-3).

禮記集說大全 胡廣(明) 等 奉勅 纂. 木板本. 朝鮮朝 後期 刊. 27卷 12冊(卷 1-27).

禮記集說大全 胡廣(明) 等 奉勅 纂. 木板本. 癸亥年(?) 刊. 30卷 12冊(卷 1-30).

禮記集說大全 胡廣(明) 等 奉勅 纂. 木板本. 朝鮮朝 後期 刻(後刷). 30卷 15冊(卷 1-30).

藥城詩稿 鄭鎬德 編. 新鉛活字本. 江陵. 每日新報分局. 1919年 刊. 1冊(41張). 無界. 行 字數 不定.

隷韻 劉球 纂. 石印本(中國). 中華年間 刊. 12卷 6冊.

五經百篇 正祖(朝鮮王) 編. 木板本. 正祖 22年(1798) 刻. 憲宗 4年(1838) 印出. 5卷 5冊 (卷 1-5).

五經百篇 正祖(朝鮮王) 編. 木板本. 正祖 22年(1798) 刊. 5卷 5冊(卷 1-5).

五言今體詩鈔 鈔集者 未詳. 木板本(中國). 金陵書局. 清 同治 5年(1866) 刊. 9卷 3冊(卷 1-9).

鰲隱遺稿 李垕(1773-1832) 著. 寫本. 隆熙 2年(1908) 以後 寫. 3冊.

鰲隱遺稿 李垕(1773-1832) 著. 寫本. 隆熙 2年(1908) 以後 寫. 2卷 1冊(卷 5, 6). 無界. 半葉 10行 20字.

鰲隱遺稿 李垕(1773-1832) 著. 石印本. 隆熙 3年(1909) 刊. 5卷 2冊(卷 1-5).

悟齋詩稿 寫本. 朝鮮朝 後期 寫. 1冊(37張). 無界. 半葉 12行 20字.

玉谿生詩詳註 李商隱(唐) 著. 馮浩(清) 編訂. 石印本(中國). 崇古山房. 中華 3年(1914) 刊. 6卷 8冊(卷首 1冊, 目錄 1冊, 卷 1-6).

옥루몽 崔昌善 編. 新鉛活字本. 京城. 1913年 刊. 1卷 1冊(卷 4).

玉池吟杜詩一集 遠山澹雲如, 竹內鵬九萬(日) 編. 寫本. 朝鮮朝 末期 寫. 1冊.

完山世稿 李燉儀(朝鮮) 編. 石印本. 高宗 23年(1886) 刊. 1冊(52張).

完山世稿 李燉儀(朝鮮) 編. 寫本. 高宗 23年(1886) 以後 寫. 1冊(49張). 無界. 半葉 10行 20字. 註 雙行.

王生烟 編者 未詳. 寫本. 朝鮮朝 後期 寫. 1冊(39張). 無界. 半葉 10行 21字.

王漁洋詩鈔 王士禎(清) 撰. 邵長蘅(清) 選. 影印本(中國). 上海. 尚文書店. 中華 5年 (1916) 刊. 12卷 6冊(卷 1-12).

外國竹枝詞 尤侗 纂. 寫本. 朝鮮朝 後期 寫. 1冊(22張). 無界. 半葉 12行 24字. 註 雙行. 頭註.

要覽 編者 未詳. 寫本. 朝鮮朝 後期 寫. 1冊(42張). 無界. 半葉 10行 字數 不定. 註 雙行.

堯山堂外記 蔣一葵(明) 編. 木板本(中國). 清代 刊. 100卷 28冊(目錄, 卷 1-100).

龍飛御天歌 權踶(1387-1445) 等 奉命 撰. 木板本. 仁祖年間(1623-1649) 刊. 5卷 5冊(卷 6-10).

于堂文鈔 尹喜求(1867-1926) 著. 新鉛活字本. 京城. 大東斯文會. 1928年 刊. 2卷 2冊(卷 上, 下).

于堂文鈔 尹喜求(1867-1926) 著. 新鉛活字本. 京城. 大東斯文會. 1928年 刊. 1冊(97張). 圖.
雲養續集 金允植(1835-1922) 著. 新鉛活字本. 京城. 李斌承邸. 1916年 刊. 2卷 1冊(卷 3, 4).
雲養集 金允植(1835-1922) 著. 新鉛活字本. 1917年 刊. 15卷 5冊(卷 1-15).
原本海公大紅袍傳 撰者 未詳. 木板本(中國). 清代 刊. 30卷 5冊(卷 1-24, 55-60).
月沙先生集 李廷龜(1564-1635) 著. 木板本. 肅宗 46年(1720) 刻(後刷). 74卷 22冊(文集 63卷 18冊, 別集 6卷 2冊 附祿 5卷 2冊).
幼科證治準繩集 王肯堂(明) 輯. 木板本(中國). 清代 刊. 7卷 13冊(卷 1-7).
儒胥必知 編者 未詳. 木板本. 朝鮮朝 末期 刊. 1冊(56張).
悠悠子稿 李熺 著. 木板本. 朝鮮朝 後期 刊. 1冊(47張).
六韜 呂尙(周) 著. 寫本. 朝鮮朝 末期 寫. 1冊(46張). 無界. 半葉 10行 20字.
六司異和 撰者 未詳. 寫本. 朝鮮朝 末期 寫. 1冊(21張). 無界. 半葉 12行 字數 不定.
육호공설힝녹 編者 未詳. 寫本. 朝鮮朝 後期 寫. 不分卷 2冊. 無界. 半葉 11行 字數 不定.
義谷遺稿 沈澄(1621-1702) 著. 新鉛活字本. 海雲亭. 1927年 刊. 2卷 1冊(卷 1-2). 有界. 半葉 11行 24字. 註 雙行.
儀禮文 撰者 未詳. 寫本. 朝鮮朝 末期 寫. 1冊(56張). 無界. 行字數 不定. 註 雙行.
疑禮問解 金長生(1548-1631) 纂述. 木板本. 密陽. 乙亥年(?) 刊. 4卷 4冊(卷 1-4).
義路 撰者 未詳. 寫本. 朝鮮朝 後期 寫. 1冊(42張). 無界. 半葉 14行 字數 不定.
議案 編者 未詳. 再鑄整理字本. 高宗 31年(1894) 刊. 2冊.
李等重記(咸豊三年十一月日) 鄭鍾文 等 作成. 寫本. 哲宗 3年(1853) 寫. 1冊(23張). 無界. 行字數 不定.
離騷經 屈原(楚) 著. 寫本. 朝鮮朝 後期 寫. 1冊(52張). 無界. 半葉 10行 字數 不定. 註 雙行.
易言 杞憂生(淸) 著. 寫本. 朝鮮朝 末期 寫. 2卷 2冊(卷 上, 下).
二列秘傳 編者 未詳. 寫本. 朝鮮朝 後期 寫. 5卷 5冊(卷 1-5). 圖. 無界. 半葉 10行 字數 不定. 註 雙行.
李參奉傳 李賢 著. 木板本. 純祖 5年(1805) 刊. 4卷 2冊(卷 1-4).
李太白文集 李白(唐) 著. 宋次道 編. 石印本. 上海. 文瑞樓. 中華 2年(1913) 刊. 30卷 8冊(卷 1-30).
臨瀛討匪小錄 編者 未詳. 寫本. 江陵. 沌泉齋. 高宗 32年(1895) 寫. 1冊(13張). 無界. 半葉 12行 字數 不定.
壬辰九月初二日輓詞別集 編者 未詳. 寫本. 朝鮮朝 後期 寫. 1冊(18張).
林忠愍公實紀 林淳憲 輯. 新鉛活字本. 京城. 朝鮮光文會. 1913年 刊. 8卷 1冊(卷 1-8).
紫桃軒又綴 李日華(明) 著. 木板本(中國). 清代 刊. 4卷 4冊(卷 1-4).
紫桃軒雜綴 李日華(明) 著. 木板本(中國). 清代 刊. 4卷 4冊(卷 1-4).
資治通鑑綱目 朱熹(宋) 撰. 陳仁錫(明) 評閱. 木板本(中國). 清 康熙 40年(1701) 刊. 59卷 80冊.
資治通鑑綱目 朱熹(宋) 撰. 思政殿 訓義. 木板本(丙辰字 飜刻). 朝鮮朝 後期 刊. 80冊.
資治通鑑綱目前編 朱熹(宋) 撰. 陳仁錫(明) 評閱. 木板本(中國). 清 康熙 40年(1701) 刊.

25卷 10册.

字彙 梅膺祚(明) 音釋. 木板本(中國). 淸代 刊. 13卷 7册(卷首, 子-亥).

潛溪李先生遺稿 李全仁(1516-1568) 著. 木板本. 章山書院. 憲宗 13年(1847) 刊. 1册(40張).

簪纓譜 編者 未詳. 寫本. 朝鮮朝 後期 寫. 4册(卷 仁, 義, 智, 信). 無界. 行字數 不定.

雜病證治類方 王肯堂(明) 輯. 木板本(中國). 淸代 刊. 8卷 8册(卷 1-8).

莊陵誌 尹舜擧(1596-1668) 著. 寫本. 肅宗 37年(1711) 以後 寫. 4卷 2册(卷 1-4). 無界. 半葉 12行 字數 不定. 註 雙行.

賊情彙纂 張德堅(淸) 纂. 木板本(中國). 淸代 刊. 1册.

傳課 寫本. 朝鮮朝 後期 寫. 1册(102張). 無界. 半葉 10行 24字.

戰國策 劉向(漢) 編. 鮑彪(宋) 校註. 吳師道(元) 重校. 木板本(中國). 明末-淸初 刊. 12卷 7册(卷 1-12).

全唐詩 曹寅(淸) 等 奉旨 編. 寫本. 朝鮮朝 後期 寫. 不分卷 6册.

全韻玉編 編者 未詳. 木板本. 由洞. 庚戌年(?) 刊. 2卷 2册(卷 上, 下).

全韻玉編 編者 未詳. 木板本. 朝鮮朝 後期 刊. 2卷 2册(卷 上, 下).

全州李氏家乘 編者 未詳. 寫本. 朝鮮朝 後期 寫. 1册(14張). 無界. 行字數 不定.

全州李氏家乘 編者 未詳. 寫本. 朝鮮朝 後期 寫. 1册(9張). 無界. 行字數 不定.

典通綜要全套 慶州鎭營(朝鮮) 編. 寫本. 朝鮮朝 後期 寫. 1册(103張).

箭紅 編者 未詳. 寫本. 朝鮮朝 末期 寫. 1册(49張). 無界. 半葉 13行 21字.

絶世奇談羅賓孫漂流記 金檟 譯述. 新鉛活字本. 京城. 義進社. 隆熙 2年(1908) 刊. 1册(89張). 無界. 半葉 13行 35字.

占夢總論 編者 未詳. 寫本. 朝鮮朝 後期 寫. 1册(21張). 無界. 半葉 16行 字數 不定.

精校大字漢魏叢書九十六種 呂林育 校. 石印本(中國). 上海. 育文書局. 中華 6年(1917) 刊. 96卷 32册.

精選東萊先生在氏博議句解 呂祖謙(宋) 著. 木板本. 朝鮮朝 後期 刊. 8卷 4册(卷 1-8).

靜庵先生文集 趙光祖(1482-1519) 著. 木板本. 肅宗 9年(1683) 刻(後刷). 8卷 4册(卷 1-8).

停雲集 寫本. 朝鮮朝 末期 寫. 1册(8張). 無界. 半葉 8行 16字.

靜一堂遺稿 靜一堂姜氏(1772-1832) 著. 印書體木活字本. 憲宗 2年(1836) 刊. 1册(68張).

訂正東醫寶鑑 許浚(?-1615) 奉敎 撰. 木板本(中國). 淸代 刊. 21册.

題錄 編者 未詳. 寫本. 朝鮮朝 後期 寫. 1册(23張). 無界. 行字數 不定.

齊晏嬰請勿以彗星爲懼 編者 未詳. 寫本. 朝鮮朝 後期 寫. 1册(60張). 無界. 行字數 不定.

第五才子書水滸傳 施耐菴(元) 著. 金聖歎(淸) 評釋. 木板本(中國). 淸代 刊. 75卷 20册(卷 1-75). 圖.

濟衆新編 康命吉(朝鮮) 奉敎 撰. 木板本. 正祖 23年(1799) 刊. 8卷 5册(卷 1-8 4册, 目錄 1册).

朝野記聞 徐文重(朝鮮) 撰. 寫本. 朝鮮朝 後期 寫. 6册.

朝野僉載 尹衡聖(1608-1676) 撰. 寫本. 朝鮮朝 後期 寫. 9卷 8册. 無界. 半葉 10行 24字. 註 雙行.

朱書百選 正祖(朝鮮王) 御定. 木板本(丁酉字 飜刻). 正祖 18年(1794) 刻(後刷). 6卷 3冊 (卷 1-6).

註釋唐詩三百首 衡塘退士(淸) 編. 石印本(中國). 淸末-中華初 刊. 2卷 2冊 (卷 1, 3). 圖.

周易 朱熹(宋) 本義. 木板本(中國). 金陵. 敦化堂. 淸代 刊. 4卷 2冊 (卷 1-4).

周易大全 胡廣(明) 等 奉勅 纂. 木板本. 朝鮮朝 後期 刊. 7卷 7冊 (卷 1-7).

周易諺解 宣祖(朝鮮王) 命 撰. 木板本(戊申字 飜刻). 朝鮮朝 後期 刊. 9卷 5冊 (卷 1-9).

周易諺解 宣祖(朝鮮王) 命 撰. 木板本. 朝鮮朝 後期 刊. 4卷 4冊 (卷 1-4).

周易諺解 宣祖(朝鮮王) 命 撰. 木板本(戊申字 飜刻). 全州. 河慶龍. 朝鮮朝 末期 刊. 9卷 5冊 (卷 1-9).

周易傳義大全 胡廣(明) 等 奉勅 纂. 木板本. 朝鮮朝 後期 刊. 22卷 14冊.

周易傳義大全 胡廣(明) 等 奉勅 纂. 木板本. 朝鮮朝 後期 刊. 22卷 12冊 (卷 1-13, 16-24).

周易傳義大全 胡廣(明) 等 奉勅 纂. 木板本. 朝鮮朝 後期 刊. 31卷 9冊.

周易傳義大全 胡廣(明) 等 奉勅 纂. 木板本. 全州. 河慶龍. 純祖 10年(1810) 刊. 24卷 14冊 (卷 1-24).

珠淵集 高宗(朝鮮王) 御撰. 新鉛活字本. 京城. 朝鮮研究會. 1919年 刊. 1冊. 無界. 半葉 14行 40字.

竹農遺稿 韓洞履(1847-1926) 著. 韓翼敎 編. 新鉛活字本. 1933年 刊. 1冊(109張). 圖.

重刊老乞大諺解 李洙(朝鮮) 編. 木板本. 正祖年間(1776-1800) 刊. 2卷 2冊 (卷 上, 下).

重刊選擇集要 黃一鳳 編輯. 寫本. 朝鮮朝 後期 寫. 6卷 1冊 (卷 1-5). 無界. 半葉 14行 字數 不定.

重刊選擇集要 黃一鳳 編輯. 寫本. 朝鮮朝 後期 寫. 1卷 1冊 (卷 5). 無界. 半葉 14行 字數 不定.

重刊人子須知資孝地理心學統宗 徐善繼, 徐善述(明) 共著. 木板本(中國). 明末-淸初 刊. 1卷 1冊 (卷 4). 圖.

重鍥神峯張先生通考闢謬命理正宗大全 張楠 著. 杜春芳 敎正. 寫本. 朝鮮朝 後期 寫. 1卷 1冊 (卷 3).

中庸諺解 宣祖(朝鮮王) 命 撰. 木板本(戊申字 飜刻). 全州. 河慶龍. 純祖 10年(1810) 刊. 1冊(61張).

中庸章句大全 胡廣(明) 等 奉勅 纂. 木板本. 朝鮮朝 後期 刊. 1冊(116張).

中庸章句大全 胡廣(明) 等 奉勅 纂. 木板本. 成均館. 丙寅年(?) 刊. 1冊(118張).

增補萬寶全書 陳繼儒(明) 纂輯. 毛煥文(淸) 增補. 木板本(中國). 掃葉山房. 淸 光緖 12年(1886) 刊. 16卷 5冊 (卷 1-12, 17-20).

增補事類統編 黃葆眞(淸) 增輯. 木板本(中國). 淸 道光 26年(1846) 刊. 89卷 46冊 (卷 1-46, 49-52, 55-93).

增補字彙 梅膺祚(明) 原輯. 張自烈(淸) 增補. 湯學紳(淸) 訂正. 木板本(中國). 淸代 刊. 13卷 13冊 (卷 首, 子-亥).

增補蠶桑輯要 金思轍(朝鮮) 編輯. 李祐珪(朝鮮) 校. 木板本(中國). 淸 光緖 10年(1884)

刊. 1冊(56張).

增補參贊秘傳天機大要 朴紹周(明) 纂. 池百源(朝鮮) 增刪. 池日賓(朝鮮) 改定. 木板本. 朝鮮朝 後期-末期 刊. 2卷 2冊(卷 上, 下).

增補參贊秘傳天機大要 林紹周(明) 纂. 池百源(朝鮮) 增刪. 池日賓(朝鮮) 改定. 木板本. 雲監. 癸未年(?) 刊. 2卷 2冊(卷 上, 下).

增刪卜易 野鶴老人 著. 李垣 鑑定. 李文輝(淸) 增刪. 寫本. 朝鮮朝 後期 寫. 12卷 8冊(卷 1-12). 無界. 半葉 10行 字數 不定.

增刪歷朝捷錄前編眞本 撰者 未詳. 木板本(中國). 留畊堂. 淸代 刊. 2卷 1冊(卷 6-7).

增刪歷朝捷錄眞本 撰者 未詳. 木板本(中國). 淸代 刊. 2卷 1冊(卷 8-9).

增刪濂洛風雅 金履祥(元) 記錄. 唐良端(元) 編類. 寫本. 朝鮮朝 後期 寫. 5卷 1冊(卷 1-5). 無界. 半葉 12行 24字.

增修無寃錄大全 具宅奎(1693-1754) 增修. 具允明(1711-1797) 重訂. 木板本(後期芸閣 鐵活字 飜刻). 朝鮮朝 後期 刊. 2卷 1冊(卷 上, 下).

增修無寃錄諺解 徐有隣(1738-1802) 譯. 木板本(後期芸閣印書體字 飜刻). 朝鮮朝 後期 刊. 3卷 2冊(卷 1-3).

增訂精忠演義說本全傳 錢彩 纂. 金豊 增訂. 木板本(中國). 淸 嘉慶 3年(1798) 刊. 10卷 10冊(卷 1-10). 無界. 半葉 11行 20字. 線裝.

證治準繩 王肯堂(明) 輯. 木板本(中國). 淸 乾隆 14年(1749) 刊. 8卷 8冊.

證治準繩 王肯堂(明) 輯. 木板本(中國). 淸 康熙 38年(1699) 刊. 34卷 72冊.

證治準繩 王肯堂(明) 輯. 木板本(中國). 淸 康熙 38年(1699) 刊. 8卷 12冊.

增評補圖石頭記 曹霑 著. 新鉛活字本(中國). 淸代 刊. 64卷 8冊(卷 57-120). 圖.

增評補圖石頭記 曹霑 著. 新鉛活字本(中國). 淸 光緖 18年(1892) 刊. 120卷 16冊(卷首 1冊, 120卷 15冊). 圖.

智囊 馮夢龍(明) 述. 寫本. 朝鮮朝 後期 寫. 2卷 3冊(卷 7, 10). 有界. 半葉 10行 字數 不定. 線裝.

智囊全集 馮夢龍(明) 述. 寫本. 朝鮮朝 後期 寫. 10卷 5冊(卷 5-6, 9-12, 21-24). 有界. 半葉 10行 20字. 線裝.

地圖 寫本. 英祖 43年(1767) 以前 寫. 9張. 彩色.

地理三應序 撰者 未詳. 寫本. 朝鮮朝 後期 寫. 1冊(40張).

地理玄珠 陸道弘 著. 繼益達 校. 寫本. 朝鮮朝 後期 寫. 5卷 2冊(卷 4-8). 無界. 半葉 10行 20字.

池氏鴻史帝王統記 池光翰(朝鮮) 著. 木板本. 朝鮮朝 後期 刊. 16卷 16冊(卷 2-17).

鎭誌 編者 未詳. 寫本. 朝鮮朝 後期 寫. 1冊(26張). 無界. 半葉 8行 17字.

集羲之書古詩抄法帖 王羲之(晋) 書. 木板本. 朝鮮朝 後期 刊. 1冊(30張).

次鏡花杜五律韻 寫本. 朝鮮朝 末期 寫. 1冊(30張). 無界. 半葉 10行 16字.

纂圖互註周禮 鄭玄(漢) 註. 木板本. 肅宗 32年(1706) 刻(後刷). 12卷 8冊(卷 1-12). 圖.

滌器神訣 編者 未詳. 寫本. 朝鮮朝 末期 寫. 1冊(54張). 圖. 無界. 半葉 10行 字數 不定.

千歲曆 權象監 編. 木板本. 朝鮮朝 末期 刊. 1卷 1冊(卷 上).

闡義昭鑑 金在魯(朝鮮) 等 受命 編. 木板本(戊申字 飜刻). 英祖年間(1724-1776) 刊. 2卷 1冊(卷 2-3).

千字文 周興嗣(梁) 撰. 學古堂 書. 木板本. 朝鮮朝 末期 刊. 1冊(33張).

千字文 周興嗣(梁) 撰. 學古堂 書. 石印本. 京城. 匯東書館. 1933年 刊. 1冊(21張).

千字文 周興嗣(梁) 撰. 韓濩(1543-1605) 書. 木板本. 朝鮮朝 末期 刊. 1冊(17張).

千字文 周興嗣(梁) 撰. 韓濩(1543-1605) 書. 木板本. 憲宗 13年(1847) 刊. 1冊(17張).

淸國戊戌政變記 梁啓超(淸) 纂. 新鉛活字本. 朱翰榮書舖. 光武 4年(1900) 刊. 13卷 2冊. 圖.

淸權輯遺 李容純(朝鮮) 校正. 李相璉(朝鮮) 監印. 全史字本. 憲宗 10年(1844) 刊. 1冊 (118張). 圖.

淸安縣還弊補充節目 淸安縣監 作成. 寫本. 哲宗 4年(1853) 寫. 1冊(6張). 無界. 半葉 8行 字數 不定.

靑蓮詩 編者 未詳. 寫本. 朝鮮朝 後期 寫. 2冊. 無界. 行字數 不定.

草簡牘 木板本. 美洞. 朝鮮朝 後期 刊. 2卷 1冊(卷 上, 下).

初等大韓歷史 鄭寅琥 纂輯. 新鉛活字本. 玉虎書林. 隆熙 2年(1908) 刊. 1冊. 圖.

楚辭後語 屈原(楚) 等 著. 朱熹(宋) 集註. 木板本(戊申字 飜刻). 朝鮮朝 後期 刻(後刷). 8卷 2冊(卷 1-8).

楚辭後語 屈原(楚) 等 著. 朱熹(宋) 集註. 木板本(戊申字 飜刻). 朝鮮朝 後期 刻(後刷). 6卷 2冊.

焦氏易林 焦贛(漢) 撰. 木板本(中國). 淸代 刊. 16卷 6冊.

焦氏易林 焦贛(漢) 撰. 寫本. 朝鮮朝 後期 寫. 1卷 2冊(卷 1). 無界. 半葉 16行 字數 不定.

七事要訣 編者 未詳. 寫本. 朝鮮朝 後期 寫. 1冊(134張). 無界. 半葉 12行 24字.

鍼灸經驗方 許任(1726-1796) 著. 寫本. 朝鮮朝 後期 寫. 1冊(64張). 無界. 半葉 9行 24字.

耽羅志 李元鎭(1594-?) 編. 木板本. 孝宗 4年(1653) 跋. 1冊(81張).

太極餘玩 編者 未詳. 寫本. 朝鮮朝 末期 寫. 1冊(54張). 無界. 行字數 不定.

泰西新史攬要(初名: 泰西近百年來大事記) 馬懇西(英國) 原著. 李提摩太(英國) 譯. 蔡爾康 (淸) 述稿. 學部編輯局 編. 新鉛活字本. 光武 1年(1897) 刊. 13卷 1冊(卷 1-13).

太乙統宗寶鑑 撰者 未詳. 寫本. 朝鮮朝 後期 寫. 2卷 2冊(卷 1, 9). 無界. 半葉 14行 27字.

太平廣記 李昉(宋) 奉勅 監修. 黃晟(淸) 校刊. 木板本(中國). 淸代 刊. 500卷 64冊(目錄 2 冊, 卷 1-500卷 62冊).

太平通載 成任 撰. 木板本. 壬亂 以前刊. 8卷 3冊(卷 28-29, 50-52, 65-67).

擇里志 李重煥(1690-?) 著. 寫本. 朝鮮朝 後期 寫. 1冊(55張). 無界. 半葉 12行 字數 不定.

通鑑五十篇詳節要解 九淵(朝鮮) 解. 木板本. 朝鮮朝 後期 刊. 2卷 2冊(卷 上, 下).

佩文韻府 張玉書(淸) 等 奉命 纂修. 石印本(中國). 上海. 同文書局. 淸 光緖 17年(1891) 刊. 106卷 60冊(卷 1-106).

編註醫學入門 劉蘊紁(宋) 纂. 李梴(明) 編註. 木板本. 戊寅年(?) 刊. 19卷 19冊(卷 1-19).

評論出像水滸傳 施耐菴(元) 著. 金聖歎(淸) 評釋. 王望如(淸) 評論. 木板本(中國). 貫華

堂. 清代 刊. 20卷 20冊.
平妖傳 羅貫中(明) 著. 馬猶龍(明) 增定. 木板本(中國). 清代 刊. 40卷 12冊(卷 1-40). 圖.
蒲褐山房詩話 王昶德 輯. 寫本. 朝鮮朝 後期 寫. 3冊.
瓢巖誌 李鍾炫, 李圭昊 共編. 新鉛活字本. 瓢巖齋. 1930年 刊. 1冊(22張, 上, 下篇). 圖.
楓皐集 金祖淳(1765-1831) 著. 初鑄整理字本. 哲宗 5年(1854) 刊. 14卷 7冊(卷 3-16).
風謠續選 千壽慶(朝鮮) 編. 張混(朝鮮) 校. 後期芸閣印書體字本. 正祖 21年(1787) 刊. 3卷 1冊(卷 3-5).
荷亭集 呂圭亭(朝鮮) 著. 鄭寅書 編. 新鉛活字本. 1923年 刊. 4卷 1冊(卷 1-4).
韓客巾衍義 李德懋(1741-1793) 等 著. 柳琴(朝鮮) 編. 寫本. 朝鮮朝 末期 寫. 4卷 1冊(卷 1-4).
漢東衆響 撰者 未詳. 寫本. 乙酉年(?) 寫. 1冊(22張). 無界. 行字數 不定.
漢書 班固(後漢) 撰. 顏師古(唐) 註. 凌稚隆(明) 輯校. 木板本. 朝鮮朝 後期 刊. 100卷 30冊(卷 1-100). 圖.
漢語 編者 未詳. 寫本. 朝鮮朝 後期 寫. 1冊(15張). 無界. 行字數 不定.
寒暄劄錄 編者 未詳. 木板本(整理字體鐵活字 飜刻). 朝鮮朝 後期 刊. 4卷 2冊(卷 2-5).
寒暄劄錄 編者 未詳. 寫本. 乙酉年(?) 寫. 5卷 3冊(卷 1-5). 無界. 半葉 12行 20字. 頭註.
合刊韶濩堂集 金澤榮(1850-1927) 著. 新鉛活字本. 南通. 翰墨林書局. 1922年 刊. 15卷 8冊(目錄, 卷 1-15).
海國圖志 魏源(淸) 撰. 木板本(中國). 淸代 刊. 50卷 19冊(卷 1-50). 圖.
海東敬覽 寫本. 朝鮮朝 後期 寫. 1冊(16張). 無界. 半葉 8行 字數 不定.
海西詩鈔 柳基活 編. 新鉛活字本. 京城. 1927年 刊. 1冊(101張).
香胡先生文集 崔雲遇(1532-1605) 著. 木板本. 光武 9年(1905) 刊. 2卷 1冊(卷 1-2).
玄琴譜 李王職雅樂部 編. 草稿本. 1926年 寫. 1冊.
玄武發書 編者 未詳. 寫本. 朝鮮朝 末期 寫. 1冊(33張). 圖. 無界. 半葉 10行 字數 不定.
協吉通義 閔鍾顯(朝鮮) 等 奉敎 纂輯. 木板本. 雲觀. 正祖 19年(1795) 刊.
協律大成 編者 未詳. 寫本. 朝鮮朝 末期 寫. 1冊(105張). 無界. 半葉 15行 字數 不定.
紅樓夢 曹雪芹(淸) 撰. 王希廉(淸) 評. 新鉛活字本(中國). 淸代 刊. 15卷 3冊(卷 66-70, 76-85).
花譜 編者 未詳. 寫本. 朝鮮朝 後期 寫. 1冊(13張). 圖. 無界. 半葉 10行 字數 不定.
火珠林 麻衣道者 著. 程芝雲 校正. 木板本(中國). 淸 道光 4年(1824) 刊. 1冊(63張).
活齋先生文集 李榘(1613-1654) 著. 木板本. 英祖 13年(1737) 刊. 8卷 4冊(卷 1-8). 圖.
活亭雜錄 編者 未詳. 寫本. 朝鮮朝 後期 寫. 1冊(24張).
黃帝內經 王永(唐) 註. 林億(唐), 孫奇(唐) 奉勅 校正. 木板本. 壬亂 以前 刊. 7卷 4冊. 圖.
懷永堂繪像第六才子書西廂記 王實甫(元) 著. 金聖歎(淸) 評. 寫本. 朝鮮朝 末期 寫. 8卷 4冊. 無界. 半葉 12行 24字. 註. 雙行. 頭註.
晦齋先生文集 李彦迪(1491-1552) 著. 木板本. 朝鮮朝 後期 刊. 15卷 5冊(本集 13卷, 年譜, 附錄).

孝昌園香炭條 寫本. 朝鮮朝 末期 寫. 1冊(4張). 無界. 行字數 不定.
後水滸蕩平西大寇傳 石印本(中國). 上海. 廣益書局. 中華年間 刊. 6卷 6冊(卷 1-6). 圖.
鯢鯖語 李濟臣(朝鮮) 著. 寫本. 朝鮮朝 後期 寫. 1冊(5張). 無界. 半葉 14行 字數 不定.
欽長 抄輯者 未詳. 寫本. 朝鮮朝 末期 寫. 1冊(34張). 無界. 行字數 不定.
欽欽新書 丁若鏞(1762-1836) 著. 寫本. 朝鮮朝 末期 寫. 30卷 10冊(卷 1-30). 無界. 半葉 10行 21字.
欽欽新書 丁若鏞(1762-1836) 著. 寫本. 朝鮮朝 末期 寫. 17卷 6冊(卷 4-17, 25-27).
羲經大全抄 抄者 未詳. 寫本. 朝鮮朝 後期 寫. 1冊(42張). 圖.
喜畏案 孝寧派全州李氏家 編. 寫本. 英祖 50年(1774) 寫. 1冊(20張).
喜畏案 孝寧派全州李氏家 編. 寫本. 英祖 50年(1774) 寫. 1冊(13張). 無界. 半葉 12行 字數 不定.
喜畏案 孝寧派全州李氏家 編. 寫本. 英祖 50年(1774) 寫. 1冊(8張).

찾아보기

ㄱ

가도賈島 52, 180, 183
가랍집 78, 89
강릉박씨江陵朴氏 76
『강릉 선교장』 67
강릉읍성 20, 71
강릉 팔명당八明堂 71
강희안姜希顔 159
『경농유고鏡農遺稿』 55, 168, 189-191
경주정씨慶州鄭氏 18
경포대鏡浦臺 20, 21, 25, 44
경포팔경鏡浦八景 154
경포호鏡浦湖 39, 43, 49, 56, 71, 74, 77, 80, 81, 84, 133, 134, 149, 152, 172, 173
『고려사高麗史』 187
「곡지헌曲池軒」 31, 169
곳간 124, 125
관동팔경關東八景 21, 53, 89, 144, 147, 167, 168
「관서유감觀書有感」 109
『국조보감國朝寶鑑』 187
『국조인물고國朝人物考』 187
권돈인權敦仁 148, 176, 177
권시흥權始興 20
권오석權預錫 145
권처균權處均 20

권화權和 20
「귀거래사歸去來辭」 40, 97, 98
규장각奎章閣 185
금강산金剛山 53, 89, 144, 147, 162, 167, 168, 172, 175
기계유씨杞溪兪氏 45, 48, 58, 94, 95
김구金九 52, 53, 184
김규진金圭鎭 53, 61, 148, 176, 178
김돈희金敦熙 53, 177, 178
김응현金膺顯 95, 183, 184
김정희金正喜 53, 100, 175-177, 193
김좌수金座首 27
김충현金忠顯 46, 121, 183
김태석金台錫 53, 179

ㄴ

낙산사洛山寺 177
녹야원麓野園 113, 114, 149, 151, 152, 164
농지개혁법農地改革法 61

ㄷ

『대전통편大典通編』 29
대택大宅 42, 117
「대틱」 24
『대한매일신보大韓每日申報』 62
도연명陶淵明 40, 97, 98, 160, 161
『동국통감東國通鑑』 187

『동국통감제강東國通鑑提綱』 187
동별당東別堂 49, 56, 62, 80, 81, 84, 85, 90-92, 94-96, 104, 119, 179, 184, 186
『동비토록東匪討錄』 47, 188
『동서양역사』 187
『동양사교과서』 187
『동주열국지東周列國志』 187
동진학교東進學校 51, 52, 54, 125, 126, 145, 165, 166, 184
동학혁명東學革命 47, 94

ㅁ

매학정梅鶴亭 44
『맹자孟子』 42, 43, 150
『명사明史』 187
『명사본말明史本末』 187
명성황후明成皇后 179
『명조기사본말明朝紀事本末』 187
무이정사武夷精舍 109
민속자료전시관 75

ㅂ

박기정朴基正 148, 176, 177, 180
박정희朴正熙 195
박종경朴宗慶 46
박종보朴宗輔 46
박종희朴宗喜 46

박풍수朴酆壽 45
반남박씨潘南朴氏 45
방해정放海亭 21, 28, 42-44, 49, 56, 80, 81, 84, 90, 133, 134, 149, 152-154, 189
방해정放海亭 상량문上樑文 153
「방해정放海亭 중수기重修記」 189
배다리골 22, 25, 27, 28, 36, 39, 48, 49, 52, 76, 78, 83, 84, 86, 88, 92, 102, 116, 118, 132
『백범일지白凡逸志』 184
범려范蠡 144
별채 116, 118, 119, 147
부용정芙蓉亭 49, 84, 112, 169
『비사맥俾士麥과 독일제국獨逸帝國』 187

ㅅ
『사기史記』 187
사당祠堂 88, 104, 120, 121, 124
사랑채 28, 89, 106, 108, 120, 128
『삼국지三國志』 187
삼척심씨三陟沈氏 21
서만순徐晩淳 186, 191
서별당西別堂 42, 80, 81, 84, 85, 90, 93, 104, 106-108, 128
서유구徐有榘 186
서지골 76, 122
석판인쇄 55, 168, 191
선교장 가족묘원 65, 66, 122
『선교장가족 사진집』 58, 67
선교장 선조묘역 65, 66
선교장 추수기秋收記 24, 42
선교장 태극기 145
성기희成耆姬 58, 60, 64, 67, 75, 162, 174, 195, 199
성홍경成鴻慶 58, 60

소실댁 49, 56, 58, 84, 118
소옹邵雍 40
소택小宅 42, 117
『소틱』 24
『속대전續大典』 29
송시열宋時烈 21, 71
송이산적 197
신명화申命和 20
신사임당申師任堂 19, 20, 53
심상규沈象奎 186
심언광沈彥光 71
심지황沈之潢 148, 176

ㅇ
아래채 28, 83, 91-94, 97
아랫사랑 96, 101, 102
안동권씨安東權氏 17-22, 24, 25, 29, 65, 122, 137, 140
안채 28, 80, 81, 83-86, 89-95, 97, 102, 104, 106, 108, 120, 128
「애련설愛蓮說」 160
『양화소록養花小錄』 159
여운형呂運亨 51-53, 126, 145
연근정과 198
연꽃차 193
『연려실기술練藜室記述』 187
연실떡 198
연엽주 198
연잎감주 198
연지당蓮池堂 42, 81, 84, 93, 106-108
열화당悅話堂 40, 56, 74, 81, 83, 85, 90, 94, 96-99, 101, 102, 104-106, 149, 151, 158, 159, 166, 167, 189
열화당悅話堂 출판사 169
예림회 64
오건영吾建泳 60

오색다식預色茶食 193
「오우가預友歌」 156
『오은유고鰲隱遺稿』 55, 168, 188, 191
오재당午在堂 46, 65, 121, 123, 176, 183
오죽헌烏竹軒 20, 21, 71, 172
『완산세고完山世稿』 55, 169, 186, 190, 191
외별당外別堂 42, 43, 80, 81, 84, 116-118
『용비어천가龍飛御天歌』 186, 188
우봉이씨牛峰李氏 54, 59, 60, 64, 161, 162, 195
『운석유고雲石遺稿』 172
운현궁雲峴宮 46, 176
원주원씨原州元氏 65
월하문月下門 52, 130-132, 180
위안스카이袁世凱 179
유기환兪麒煥 45
유홍兪泓 45
육간장 195, 196
윤선도尹善道 156
윤순尹淳 148, 176
윤치오尹致旿 166
윤택선尹澤善 59
의령남씨宜寧南氏 18
이가원李家園 49, 134
이강륭李康隆 60, 64-67, 122
이강백李康白 64, 67, 117, 199
이강보李康輔 64
이경두李景峀 17, 65
이경의李慶儀 54, 55, 59, 60, 65, 118, 180
이광사李匡師 148, 176
이광호李光澔 18, 65
이근우李根宇 36, 48-56, 58-60, 62,

65, 84, 95, 111, 112, 118, 126, 133, 145, 146, 150, 154, 165, 167, 169, 171, 177, 180, 182, 189-191
이기당李起堂 60
이기량李起亮 60
이기방李起邦 60
이기서李起墅 60, 66
이기성李起城 60
이기연李起淵 60
이기웅李起雄 60, 66, 67
이기장李起墻 60
이기재李起載 58-60, 64, 65, 67, 147
이기준李起埈 59
이기중李起重 59, 60
이기택李起澤 59, 60
이기풍李起豊 60
이기향李起香 59
이기호李起浩 60
이기화李起和 59
이내번李乃蕃 18, 20, 22, 24 27-30, 65, 76, 83, 92, 95, 122, 137, 140, 141, 168
이달조李達朝 30
이덕춘李德春 30
이돈의李燉儀 54, 55, 59, 60, 65, 123, 145, 161, 171, 190, 191
이면조李冕朝 → 이후
이명우李槙宇 48
이병도李丙燾 55, 180
이병희李丙熙 51, 55, 178, 180-182
이사온李思溫 20
이석구李錫九 161
이성李愃 17, 55, 65, 168, 169, 190, 191
이순의李舜儀 54
이승조李昇朝 30, 40, 65, 83, 93, 94, 97

이시영李始榮 51, 52, 53, 126, 145
이시춘李時春 30, 40, 65, 122
이용구李龍九 36, 41-43, 45, 52, 55, 65, 84, 106, 112, 114, 116, 117, 169, 190
이의범李宜凡 41-45, 49, 51, 55, 56, 65, 78, 84, 116, 117, 133, 146, 153, 154, 169, 190
이이李珥 71, 19, 20, 21, 156
이재번李再蕃 30
이주화李冑華 17-19, 29, 65
이중번李重蕃 30
이집李集 18, 65
이태번李台蕃 18, 20
이통천댁李通川宅 43, 78, 117
이하곤李夏坤 186
이하응李昰應 → 흥선대원군
이항조李恒朝 30, 40, 65, 94, 97
이현의李顯儀 54, 55, 58-60, 65-67, 118
이회숙李會淑 45, 46, 48, 51, 55, 58, 65, 94, 111, 121, 146, 169, 176, 190
이회원李會源 45-48, 51, 55, 65, 111, 114, 117, 146, 169, 188, 190
이후李垕 30, 36, 38-41, 50, 55, 65, 74, 78, 83, 85, 93, 95, 97, 98, 106, 109, 111, 114, 116, 122, 123, 142, 151, 152, 160, 168, 169, 172, 177, 186, 188-191
이희수李喜秀 53, 100, 147, 176-178
임영관臨瀛館 49, 133
『임영토비소록臨瀛討匪小錄』 188

ㅈ
자미재滋味齋 64, 118, 199
『자치통감강목資治通鑑綱目』 187
『잠영보簪纓譜』 188

장릉莊陵 48, 54, 112
정만조鄭萬朝 179
전주全州들 22, 24
전주봉全州峰 22, 24, 140, 141
전치소 197, 198
전통문화체험관 119
정만조鄭萬朝 53
정병조鄭丙朝 179
정약용丁若鏞 185
정희용鄭熙鎔 193
「제이응유거題李凝幽居」 180
조광진曹匡振 148, 176
조규대曹圭大 145
조병구趙秉龜 186
조인영趙寅永 53, 150, 172, 173, 175, 177, 186
조하행曹夏行 27
족편 196, 197
『종경도從經圖』 188
주돈이朱敦頤 160
주자朱子 31, 40, 109, 150, 169
중사랑 96, 101
『증수임영지增修臨瀛誌』 47
지운영池雲永 53

ㅊ
참두릅꽃이 197
창녕성씨昌寧成氏 60
창녕조씨昌寧曺氏 27, 76
창덕궁昌德宮 49, 84
창덕궁昌德宮 연경당演慶堂 131
창덕궁昌德宮 연경당演慶堂 선향재善香齋 100
창덕궁昌德宮 후원 112, 169
창덕궁昌德宮 희정당熙政堂 178
처사공處士公 → 이후
청풍김씨淸風金氏 58, 59

『초등대한역사初等大韓歷史』 187
초의선사草衣禪師 175
최상찬崔相瓚 148, 176
최응현崔應賢 20
최중희崔中熙 148, 176
최찬익崔燦翊 145
최치운崔致雲 20

ㅍ
팔각정八角亭 39, 83, 113, 114, 152

ㅎ
한상갑韓相甲 173, 177
『한서漢書』 187
한용운韓龍雲 164
한유韓愈 183
해운정海雲亭 21, 71, 134, 172
해주오씨海州吾氏 54, 60
행랑채 62, 75, 86, 101, 103-105, 131, 132
허균許筠 19, 21, 71
허난설헌許蘭雪軒 19-21, 71
「호송설護松說」 156
홍낙섭洪樂燮 148, 176
홍장암紅粧岩 49, 134
홍종범洪鍾凡 148, 176
활래정活來亭 18, 22, 31, 39, 40, 49-52, 55, 56, 59, 61, 64, 66, 74, 76, 77, 81-84, 86, 90, 104, 105, 109-113, 131, 132, 146, 147, 149-151, 159-161, 165, 168, 170, 171, 173-175, 177-182, 189, 192-194, 196
「활래정기活來亭記」 150, 172, 173, 175, 177, 186
활래정活來亭 낙성식落成式 31, 50, 55, 169
「활래정活來亭 중수기重修記」 169, 177, 189
황의돈黃義敦 187
효령대군孝寧大君 17
흥선대원군興宣大院君 46, 53, 121, 175, 176
『희외안喜畏案』 24

차장섭車長燮은 1958년 경북 포항에서 태어나, 경북대 인문대 사학과를 졸업하고, 동대학 대학원 사학과에서 석사 및 박사과정을 마쳤다. 강원대 강원전통문화연구소 소장 및 도서관장, 조선사연구회 회장 등을 역임했으며, 현재 강원대 삼척캠퍼스 교양학부 교수로 한국사, 한국미술사 등을 강의하고 있다. 저서로『조선후기 벌열 연구』(일조각, 1997), 『고요한 아침의 땅, 삼척』(역사공간, 2006),『인간이 만든 신의 나라, 앙코르』(역사공간, 2010),『부처를 만나 부처처럼 살다』(역사공간, 2012), 『아름다운 인연으로 만나다, 미얀마』(역사공간, 2013),『자연과 역사가 빚은 땅, 강릉』(역사공간, 2013) 등이 있다.

선교장 船橋莊
아름다운 사람 아름다운 집 이야기

차장섭

초판1쇄 발행 2011년 3월 25일
초판2쇄 발행 2014년 11월 20일
발행인 李起雄 발행처 悅話堂
경기도 파주시 광인사길 25(문발동 520-10) 파주출판도시
전화 031-955-7000 팩스 031-955-7010 www.youlhwadang.co.kr yhdp@youlhwadang.co.kr
등록번호 제10-74호 등록일자 1971년 7월 2일
편집 조윤형 백태남 북디자인 공미경 엄세희 인쇄 제책 (주)상지사피앤비

*값은 뒤표지에 있습니다.

ISBN 978-89-301-0395-4 03600

Gangneung Seongyojang—Graceful People, Beautiful House © 2011 by Cha, Jang-Sup
Published by Youlhwadang Publishers. Printed in Korea.

이 도서의 국립중앙도서관 출판시도서목록(CIP)은
e-CIP 홈페이지(http://www.nl.go.kr/ecip)에서
이용하실 수 있습니다.(CIP제어번호: CIP2011001161)